Blender 4

Encyclopedia of production techniques
Enhance creativity, expressiveness,
and technical skills
Node manipulation techniques

制作テクニック

創造力・表現力・技巧力を高める
ノード操作の技法

友 著

SB Creative

本書に関するお問い合わせ

この度は小社書籍をご購入いただき誠にありがとうございます。小社では本書の内容に関するご質問を受け付けております。本書を読み進めていただきます中でご不明な箇所がございましたらお問い合わせください。なお、お問い合わせに関しましては下記のガイドラインを設けております。恐れ入りますが、ご質問の際は最初に下記ガイドラインをご確認ください。

ご質問の前に

小社Webサイトで「正誤表」をご確認ください。最新の正誤情報をサポートページに掲載しております。

- 本書サポートページURL
  https://isbn2.sbcr.jp/18391/

ご質問の際の注意点

- ご質問はメール、または郵便など、必ず文書にてお願いいたします。お電話では承っておりません。
- ご質問は本書の記述に関することのみとさせていただいております。従いまして、○○ページの○○行目というように記述箇所をはっきりお書き添えください。記述箇所が明記されていない場合、ご質問を承れないことがございます。
- 小社出版物の著作権は著者に帰属いたします。従いまして、ご質問に関する回答も基本的に著者に確認の上回答いたしております。これに伴い返信は数日ないしそれ以上かかる場合がございます。あらかじめご了承ください。

ご質問送付先

ご質問については下記のいずれかの方法をご利用ください。

▶ Webページより
上記のサポートページ内にある「この商品に関する問い合わせはこちら」をクリックすると、メールフォームが開きます。要綱に従って質問内容を記入の上、送信ボタンを押してください。

▶ 郵送
郵送の場合は下記までお願いいたします。
〒105-0001 東京都港区虎ノ門2-2-1
SBクリエイティブ 読者サポート係

■本書内に記載されている会社名、商品名、製品名などは一般に各社の登録商標または商標です。本書中では®、™マークは明記しておりません。

©2024 tomo 本書の内容は著作権法上の保護を受けています。著作権者・出版権者の文書による許諾を得ずに、本書の一部または全部を無断で複写・複製・転載することは禁じられております。

はじめに

　この本は、Blender の基本的な操作や概念を理解した中級者向けの指南本となります。

　既に何らかの手段で Blender を学んでいたり、著者の前作である『今日からはじめる　Blender 3 入門講座』をお読みいただいていると円滑に導入いただけるかと思います。ですが絶対にそれらの前提がなければならないというわけではなく、本書だけでも完結できるよう基本的な操作も簡潔に記載していますのでご安心ください。

　本書は Blender をより高度に、効率的に、深く使いこなすためのノウハウをふんだんに盛り込んでいます。「ステップアップ」だとか「お勉強」のような堅苦しい雰囲気ではなく、皆様が自身の作品を作り上げるに当たりより魅力的なものに出来るようなヒントや、完璧なものに近づけさせるための考え方等を得られるものだとお考えください。本書に掲載するものは著者の独自研究によるものであり、ネット上でも公表したことのないものばかりなので、他では手に入らない情報が満載なはずです。

　知らなくてもなんとかなるものの、知っていればより自由自在に Blender を使いこなせるようになり、より多くのことが見えるようになり、より Blender が好きになる。そんな本です。

2024 年 11 月　友

目次

Chapter 1 Blender のインストール・基本操作 ……13

1 Blender を学ぶ準備をしよう ……14

▶ Blender のダウンロード ……14

▶ Blender のセットアップ ……15

▶ Blender の画面と操作 ……16

Chapter 2 ノードの基本 ……21

1 ノードの基本操作 ……22

▶ ノードエディター ……22

Chapter 3 コンポジター ……29

1 グロウ ……30

▶ パーティクルの作成 ……30

▶ ベイクによるレンダリング ……33

▶ エフェクトの追加 ……34

2 ピンボケ ……38

▶ ピンボケの作成と調整 ……38

3 カラー調整 ……40

4 マスク ……43

5 カラー合成 ……46

6 キーイング ……48

7 合成のしくみ ……51

▶ 様々な合成 ……51

▶ 明るさの仕組み ……53

8 トランスフォーム ……………………………………………… 56

   ▶ ［トランスフォーム］ノード ……………………………… 56

9 RGB 分離 ……………………………………………………… 59

   ▶ カラー分離とカラー合成 …………………………………… 59

10 レンダーレイヤー …………………………………………… 62

11 フィルター …………………………………………………… 65

12 モーションブラー …………………………………………… 69

13 トラッキング ………………………………………………… 71

   ▶ トラックマーカーの設置 …………………………………… 71

   ▶ トラッキングを行う ………………………………………… 72

   ▶ カメラモーションの解析 …………………………………… 75

Chapter 4 シェーダーノード ……………………………………… 77

1 インターフェース …………………………………………… 78

   ▶ シェーダーノード …………………………………………… 78

2 シェーダー …………………………………………………… 80

   ▶ テクスチャの適用 …………………………………………… 80

   ▶ ［プリンシプル BSDF］ノード …………………………… 81

   ▶ その他のシェーダーノード ………………………………… 88

3 テクスチャ …………………………………………………… 90

   ▶ ［画像テクスチャ］ノードの設定方法 …………………… 91

4 マッピング …………………………………………………… 92

   ▶ マッピングについて ………………………………………… 93

5 作例集その 1 ………………………………………………… 99

	▶ 海水	99
	▶ ダイヤモンド	105
	▶ 木目	110
	▶ 畳	114
	▶ 石混じりの土	116
	▶ オパール	122
	▶ 光ディスク	125
6	**Blender で数学のススメ**	**129**
	▶ 数式ノード	129
7	**座標変換**	**141**
	▶ 極座標系	141
	▶ 無限平面	145
8	**作例集その 2**	**146**
	▶ 炎	146
	▶ 水	151
9	**フィルター**	**152**
	▶ エンボス	152
	▶ 油絵	155
	▶ モザイク処理	156
	▶ 部分的なモザイク処理	157
	▶ ハーフトーン（網点）	158
	▶ カラーモニター	160
	▶ カラー印刷	161
	▶ 色域選択	164

▶ スポイトノード① ·········· 166

▶ スポイトノード② ·········· 169

▶ 不飽和明度 / コントラスト ·········· 170

▶ ボロノイ配置 ·········· 176

▶ エッジ抽出 ·········· 178

10 ループ ·········· 179

▶ X ループ ·········· 179

▶ XY ループ ·········· 181

▶ Z（時間）ループ ·········· 184

▶ θ ループ ·········· 185

11 作例集その 3 ·········· 186

▶ 半円波 ·········· 186

▶ 放射形 ·········· 187

▶ 正多角形 ·········· 187

▶ 割れ表現 ·········· 190

▶ 六角平面充填 ·········· 191

▶ シャボン玉 ·········· 193

Chapter 5 ジオメトリノード ·········· 199

1 インターフェース ·········· 200

2 メッシュ ·········· 201

▶ ジオメトリトランスフォーム ·········· 201

▶ 位置設定ノード ·········· 202

▶ プリミティブ ·········· 203

7

- スムーズシェード設定 …………………………… 204
- 読込カテゴリ …………………………………… 205
- サブディビジョンサーフェス …………………… 206

3 カーブ …………………………………………… 206

- カーブのメッシュ化 …………………………… 206
- カーブフィル …………………………………… 207
- 読込カテゴリ …………………………………… 207

4 テキスト ………………………………………… 208

- 値の文字列化 …………………………………… 208
- 文字列長 ………………………………………… 209

5 インスタンス …………………………………… 210

- デュアルメッシュ ……………………………… 210
- カーブに沿った文字列 ………………………… 210
- 複数ジオメトリのインスタンス化 …………… 211
- インスタンス実体化 …………………………… 212
- 面にポイント配置 ……………………………… 212
- メッシュのボリューム化 ……………………… 213

6 属性 ……………………………………………… 214

- 属性キャプチャ ………………………………… 214
- 名前付き属性格納 ……………………………… 215

7 作例その1 モディファイア再現 ……………… 216

- 配列 ……………………………………………… 216
- ベベル …………………………………………… 216
- ビルド …………………………………………… 217

- デシメート ············ 218
- 辺分離 ············ 218
- マスク ············ 218
- ミラー ············ 219
- リメッシュ ············ 219
- スクリュー ············ 220
- ソリッド化 ············ 221
- ブーリアン、サブディビジョンサーフェス、三角面化、
  ボリュームのメッシュ化、溶接 ············ 221
- ワイヤーフレーム ············ 222
- キャスト（シュリンクラップ） ············ 222
- ディスプレイス ············ 224
- 波 ············ 224

8 作例その2 座標変換 ············ 225
- 円座標 ············ 225
- 円柱座標 ············ 226
- 球座標 ············ 226
- 逆円座標 ············ 227
- 逆円柱座標 ············ 227
- 逆球座標 ············ 228
- ジオメトリノード XY ループ ············ 229
- カーブ端半径 ············ 230
- 螺旋 ············ 230

9 作例その3 ジェネレーター ············ 233

▶ 階段 ……………………………………………… 233

▶ 相互配置 ………………………………………… 235

▶ 溶接痕 …………………………………………… 237

▶ 縁取り …………………………………………… 240

▶ 矢印 ……………………………………………… 241

▶ 端丸シリーズ …………………………………… 244

▶ 樹木 ……………………………………………… 256

▶ 表面に貼り付け ………………………………… 264

▶ 海深度 …………………………………………… 265

10 リピート・シミュレーション …………………… 267

▶ 階乗 ……………………………………………… 267

▶ 再帰木 …………………………………………… 268

▶ カントールの立方体 …………………………… 269

▶ 円周率 ライプニッツの公式 ………………… 270

▶ インデックス表示 ……………………………… 271

▶ パーティクル …………………………………… 273

▶ 雷 ………………………………………………… 275

▶ アニメモーションブラー ……………………… 277

11 ノードツール・アセット・ソケットタイプ ……… 280

▶ -X 領域削除 …………………………………… 280

▶ 斜めメッシュを補正 …………………………… 281

▶ アセット ………………………………………… 283

▶ ソケットタイプ ………………………………… 285

Chapter 6 表紙作例の解説 289

1 キャラ 290

- 歯 290
- 羽 291
- 眼球 293
- 髪 299
- エッジ 302

2 背景 304

- 麻の葉文様 305
- マグカップ 305
- 柵 307
- ステンドグラスから差し込む光 308

索引 311

本書を読む前に

本書について

　本書は Blender のバージョン 4.2 をターゲットに書かれています。ある程度前後のバージョンでも問題ありませんが、Blender は 3.6 から 4.0 へのバージョンアップ時に大きな仕様変更がされているため、本書をお読みいただく際は 4.0 以降を使用することを強くお勧め致します。

　基本的には、ある程度 Blender の操作に慣れている方を対象としていますが、そうでない方のためにも最初に Blender の基本的な導入や操作方法を記載します。

　既に習得済みの方はおさらいのつもりで読んでいただくか、あるいは読み飛ばしてしまっても構いません。その後前半でノードの基本操作や各機能について、ある程度小さな作例を交えながらご紹介していきます。

キャラクターのダウンロードデータについて

　本書では解説内容を実際に手元で再現するための以下のキャラクターデータを提供いたします。以下の URL からダウンロードのうえご活用ください。なお、データのダウンロードの際には、商品サポートページの注意事項をよくお読みください。

商品サポート URL

https://www.sbcr.jp/product/4815618391/

Chapter 1

Blender のインストール・基本操作

本章では Blender のインストールと基本操作を簡単にまとめます。

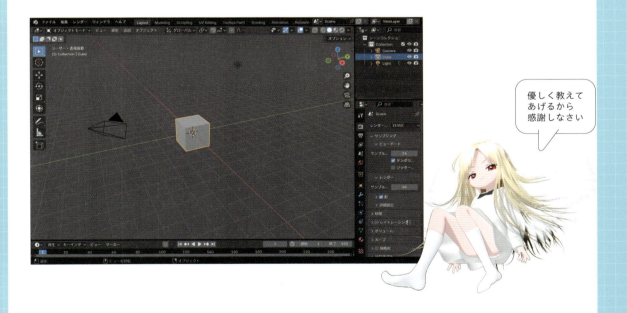

1 Blenderを学ぶ準備をしよう

ここではBlenderのインストールや設定を進めていきます。

Blenderのダウンロード

最初にBlenderのダウンロード手順を見ていきます。

1 Blenderは以下のURLの[Download]をクリックしてダウンロードページに遷移し、対象のOS、インストーラー版かポータブル版かを選択し、ダウンロードを実行します❶。

URL https://www.blender.org/

● Blenderダウンロード画面

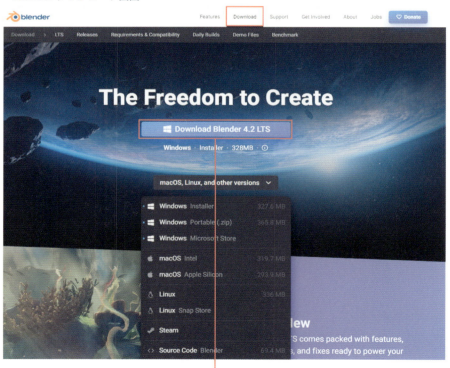

❶ Downloadを実行

■ Blenderを学ぶ準備をしよう

Blenderのセットアップ

1 起動後、初回起動時であれば初回起動専用のスプラッシュスクリーンが表示されるので、[Language]を[Automatic]（または[japanese]）に切り替えます❶。

✓ POINT

もし以前のバージョンのBlenderを使用していた場合は[Load Blender ○.○ Settings]（Blender ○.○の設定を読み込む）で設定を引き継ぐことが出来ます。

初回起動ではなかった場合、ヘッダーメニューの[Edit] > [Preferences]の左側の[Interface]カテゴリ内にある、[Translation]タブ内の[Language]で言語を切り替えます。

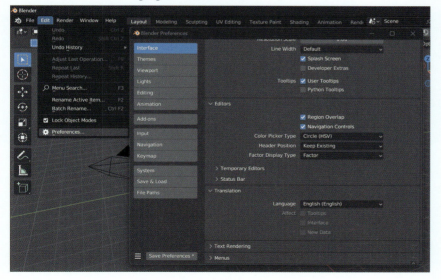

Memo

上記の設定は、Windowsであれば"C:\Users\（ユーザー名）\AppData\Roaming\Blender Foundation\Blender\（バージョン番号）\config"に格納されていて、このフォルダを消去すれば初回起動時のスプラッシュスクリーンを表示させることが出来ます。

Blender の画面と操作

　Blender の初期画面は大きく 4 つのエリアに別れており、それに加えてヘッダーとフッターで構成されています。

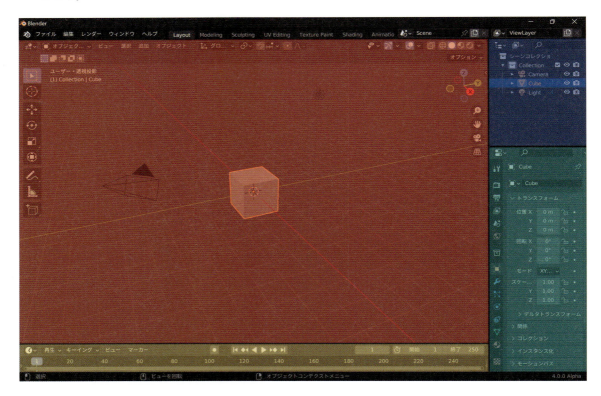

赤…3D モデルを配置したり編集したりするメインのエリア［3D ビューポート］
黄…時間を制御する［タイムライン］
青…Blender 内に存在する物全てをリスト表示し制御する［アウトライナー］
緑…オブジェクトの詳細なパラメーターを表示し制御する［プロパティ］

　各エリアにも独立したヘッダーが存在します。

■ Blenderを学ぶ準備をしよう

［3Dビューポート］内での視点操作

　［3Dビューポート］内での操作を説明します。初期状態で配置されている四角錐のようなもの（カメラ）、立方体のようなもの（メッシュ）、破線と実線の同心円で構成されたようなもの（ライト）、これらを全て［オブジェクト］と呼称します。

選択

　オブジェクトは左クリックで選択することができ、選択されたものはオレンジ色の輪郭線で表示されるようになります❶。

　Shiftキーを押しながら左クリックを押していくことで複数オブジェクトを同時に選択することも出来、最後に選択したものは明るいオレンジ色の輪郭線で表示されます❷。

　これをアクティブオブジェクトと言い、選択中のオブジェクトの中でも代表のものを意味し、プロパティ等で表示されるオブジェクトの情報はこのアクティブオブジェクトのものとなります。

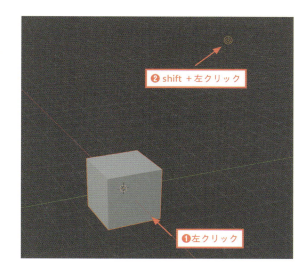

モードを切り替え

　Blenderは、基本的にオブジェクトの［オブジェクトモード］と［編集モード］を切り替えながら操作していくことになります。

　3Dビューポートヘッダーの［オブジェクトモード］と書かれているタブからも切替可能ですが、頻繁に行う操作になりますので基本的にはショートカットキーのTabキーを押して切り替えていくことになります。

　オブジェクトモードでシーン全体のオブジェクトの配置やレイアウトを決め、編集モードで各オブジェクトの細かい形状や性質を編集するというイメージです。メッシュオブジェクトでは編集モードへ切替可能ですが、カメラオブジェクトでは切り替え出来ない等、オブジェクトによって［編集モード］は存在しないこともあります。

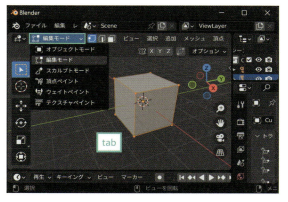

17

視点操作

[3Dビューポート]内での視点操作をマウスとキーボードを使用して行う方法は以下の通りです。

● 視点スライド…Shift＋中ドラッグ　　● 視点回転…中ドラッグ　　● 視点ズーム…ホイール上下

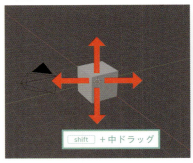

オブジェクト操作

[3Dビューポート]内でのオブジェクト操作をマウスとキーボードを使用して行う方法は以下の通りです。オブジェクト操作は[オブジェクトモード]と[編集モード]で共通です。

移動

Gを押してからマウス移動し、左クリックで確定する

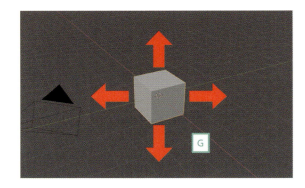

回転

Rを押してからマウス移動し、左クリックで確定する

三軸回転

RRを押してからマウス移動し、左クリックで確定する

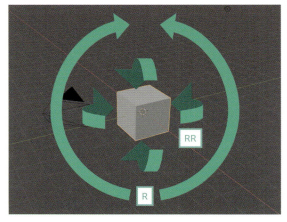

拡縮

[S] を押してからマウス移動し、左クリックで確定する

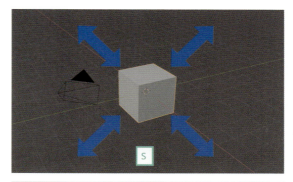

■ オブジェクトの追加・複製・削除

オブジェクトを新たに追加するには、[Shift] + [A] キーのメニューから追加したいオブジェクトを選択します。

オブジェクトは [Shift] + [D] キーで複製することが出来、[X] または [Delete] キーで削除することが出来ます。

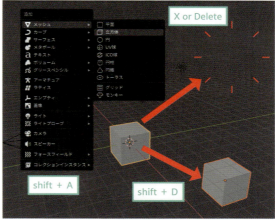

Blenderの画面レイアウトとワークスペース

　エリアの四隅にマウスカーソルを持っていくと、カーソルの表示が十字形に変化し、その状態で左ドラッグを行うとエリアを分割／結合させることが出来ます❶。

　どちらへ分割するか、あるいは結合するかはドラッグする方向によります。これにより、Blender画面のレイアウトはユーザーが自由にカスタマイズすることができます。

　各エリアの一番左上には、そのエリアの役割を示すアイコンが表示されています。ここを左クリックすることでプルダウンメニューが開き、そのエリアを別のタイプのエリアへ切り替えることが可能です❷。

　デフォルトで配置されている[3Dビューポート][タイムライン][アウトライナー][プロパティ]の他には、本書では主に[コンポジター][ジオメトリノードエディター][シェーダーエディター]を使用することになります❸。

　また、一番上のヘッダーには[Layout][Modeling][Sculpting]…等、あらかじめ用意されたレイアウトを呼び出すことができる[ワークスペース]という機能があります❹。

　ほとんどの環境では、画面が狭すぎて全てのワークスペースが見えない状態になってしまっているので、ヘッダーにカーソルを合わせて中ドラッグへヘッダーを左へ移動させて確認してみてください。デフォルトは[Layout]が選択されており、一番右の[＋]マークを押すことで新たにワークスペースを作成することも可能です。

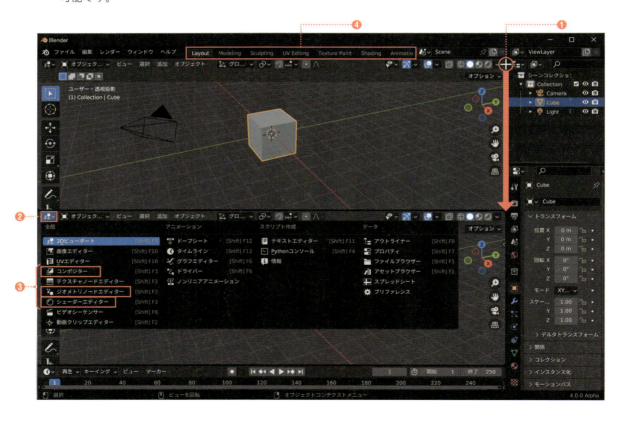

Chapter 2

ノードの基本

　この章では「ノード」システム全体に共通する説明を行います。ノードとは、シェーディング、ジオメトリ、コンポジットなどのBlenderの要素のパラメーターを視覚的に構成するためのビジュアルプログラミング言語です。ノードには、入力と出力を持つ小さなボックスがあり、これらのノードを組み合わせることで複雑な効果を作成できます。

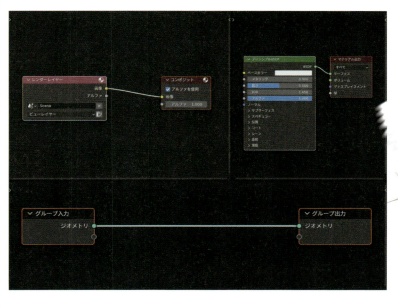

この程度も理解できなかったらおしまいよ

1 ノードの基本操作

最初にノードを使用するための画面の操作方法について見ていきます。

ノードエディター

ノードは、エリア左上の [エディタータイプ] のプルダウンからノードエディターを選択して操作します。バージョン 4.2 時点では、[コンポジター][ジオメトリノードエディター][シェーダーエディター] の 3 タイプのノードエディターが用意されています。また、それぞれの編集に適したワークスペースである [Shading] [Compositing] [Geometry Nodes] も用意してあるので、どちらでもお好みの方法でノードエディターを表示させてください。

[エディタータイプ]

Memo
[テクスチャノードエディター] というものも存在しますが、バージョン 4.2 時点ではほとんど役に立たないものなので本書では取り扱いません。将来的には改良される予定があるようです。

ノードを使用する準備

1. ノードエディターのヘッダーにある [ノードを使用] というチェックボックスにチェックを入れる (コンポジター・シェーダーエディター)、あるいは [＋新規] のボタンを押すことで (ジオメトリノードエディター・シェーダーエディター) ノード使用可能状態となります❶。

❶ [ノードを使用] にチェックを入れる

2. するとエディター中央に 2 つのボックスとその 2 つを繋いだ線が現れます。ノードエディターは、中ドラッグでビューのスライド、ホイール上下でビューのズーム、テンキー [.] で選択中のものに注目し、[Home] キーで全体を表示します❶。

❶ デフォルトのノードが現れる

22

ノード

　ボックス一つ一つを「ノード」と呼称し、それらを繋いでいる線状のものをリンクと呼びます。ノードの左右辺にはリンクを接続するためのソケットが用意されていて、ノードの右側にあるものは出力ソケット、左側にあるものは入力ソケットと決まっています。ノードの右側のソケットからデータが出力され、リンクを通って左側から入力されるというイメージです。

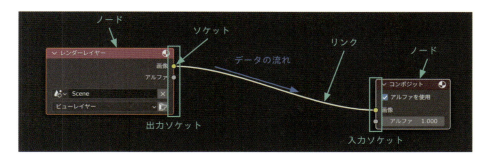

リンクの操作

　リンクが繋がっているときに、ソケットから左ドラッグして何もない場所でリリースすれば、リンクを解除することができます。また、リンクの線を切断するように Ctrl + 右ドラッグで線を描いても、リンクを解除することができます。

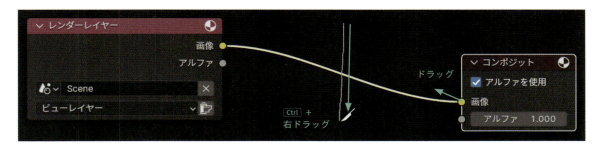

　ソケットにマウスカーソルを合わせて左ドラッグするとリンクを伸ばすことができ、そのまま別のソケットへドロップすればリンクを接続することができます。入力同士、出力同士は接続することができず、必ず入力と出力とをリンクさせます。

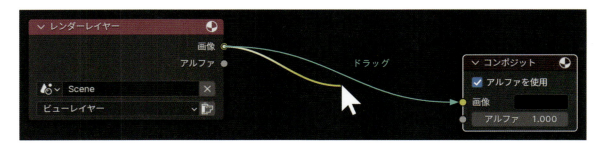

出力ソケットからはリンクを何本も伸ばすことができますが、入力ソケットにはリンクは一本しか繋げることができません。

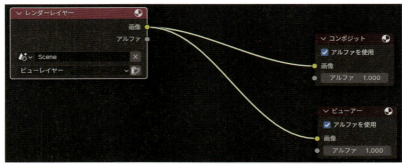

ノードの操作

　ノードは、色の付いたバーの部分をドラッグすれば自由に位置を移動させることができます。また、 Shift + D でノードを複製することができます。ノードの選択や複数選択は 3D ビューポートのオブジェクトに対するものと同じ操作で行なえます。

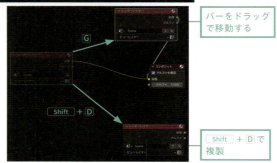

> **Memo**
> 　ヘッダーにある U 型磁石のようなマークを押下すると、3D ビューポートと同じようにスナップモードに移行します。その右隣のプルダウンメニューから、ノード独自のスナップ方法として「ノード X」でノード同士の横軸、「ノード Y」でノード同士の縦軸、「ノード X/Y」で両軸でスナップが可能になります。ノード全体を見やすく整理するのに役立ちます。

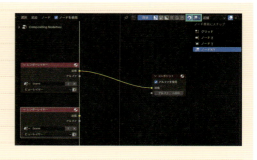

■ ノードの基本操作

ノードの追加

新たにノードを追加するには、Shift + A またはヘッダーメニューの［追加］から選択します。ノードは細かくカテゴリに分かれています。

［追加メニュー］か Shift + A で新規のノードを追加

ノードの挿入

リンクが何も繋がっていないノードを、他のノード同士のリンクの上にドロップするとそのノードの間に挟み込まれるようにリンクが自動的に繋がります。片側にしかソケットが無いようなノードでこれを行っても何も起こりません。

また、ノードが混み合ってきて意図せず接続されてしまうようなことを防ぐには、Alt を押しながらドロップします。

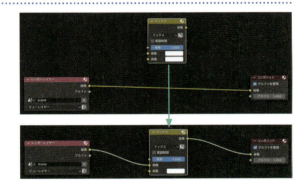

ノードの削除

ノードを削除するには X または Delete を押します。両側にリンクが繋がっているノードの場合、Alt + 左ドラッグでノードを移動させれば、そのノードを抜き取るようにリンクを自動的に繋ぎ直してくれます。また、Ctrl を押しながら削除すると、そのノードを削除しつつノードを自動的に繋ぎ直します。

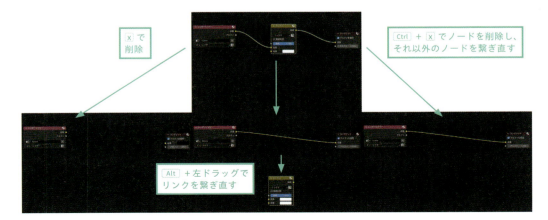

X で削除

Ctrl + X でノードを削除し、それ以外のノードを繋ぎ直す

Alt + 左ドラッグでリンクを繋ぎ直す

25

Memo

通常、既にリンクが繋がっている入力ソケットに他のリンクを繋げると、元あったリンクは切断されてしまいます。この時、[Alt]を押しながら同じ操作を行うと、元あったリンクはそのノードの別の入力ソケットへと自動的に接続し直されます。

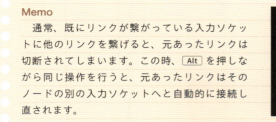

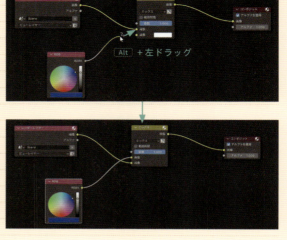

リルート

リンクの上を[Shift]+左ドラッグで切断するようになぞると、交わった箇所に「リルート」という点が作られます。これはノード全体のレイアウトを整理するためのもので、移動や削除はノードに対するものと同じ操作で行なえます。追加メニューの[レイアウト] > [リルート]からも追加することができます。

左側からはリンクを一本しか伸ばせず、右側からは何本も伸ばせる等リンクに対する挙動もノードと同じもので、データに対して何も変化させないノードのようなものと捉えることもできます。

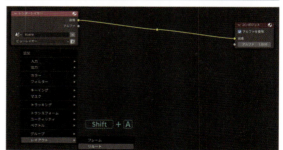

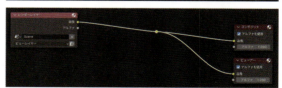

■ ノードの基本操作

ノードグループ

　ノードを複数選択した状態で、Ctrl + G を押すと選択したノードを一つにまとめるグループ化を行うことができます。これを「ノードグループ」といいます。

　デフォルトでは [NodeGroup] という名前で作られ、ノードエディター左上の表示で現在 [NodeGroup] の中身を表示していることがわかります。ヘッダーにある、上矢印が曲がったようなアイコンを押すことでノードグループの外に出ることができるほか、Tab を押す毎にノードの中に入る、外に出るを切り替えることができます。

　ノードグループが入れ子状態になり、明確に外に出る操作を行いたいときは Ctrl + Tab を使います。このノードグループ機能は、レイアウトをスッキリさせる用途だけではなく高度なノードを作成したい場合にも役立つものなので使いこなせるようにしておきましょう。

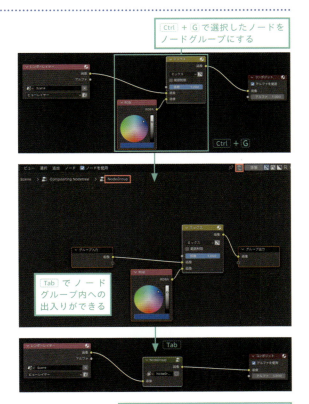

Memo

　追加メニューから、［レイアウト］>［フレーム］を追加すると、エディター上に枠のようなものが現れます。この枠もノードと同じように選択や移動が可能で、マウスカーソルを端に合わせればサイズを変更することもできます。このフレームの中にノードを移動させると、そのノードをフレーム内に収めることができます。

　または（複数）ノードを選択した状態で Ctrl + J で新規フレームに含めることができます。フレームからノードを除外するには、ノードを選択して Alt + P または右クリックメニューから［フレームから削除］を選択します。フレームを選択して右クリックメニューから［名前を変更］でこのフレームに名前をつけることができます。フレームはノードの機能に何ら影響は与えませんが、ノード全体のレイアウトを整理して見やすくするために使います。

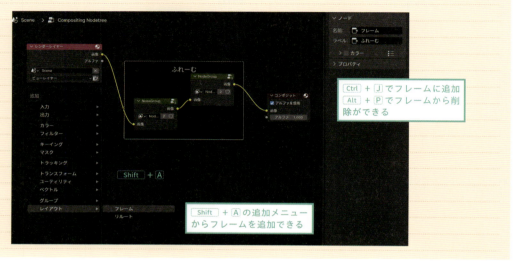

Chapter

コンポジター

　この章では、コンポジターノードについて作例の制作手順を通してご説明します。コンポジターノードは、レンダリングした画像を合成したり、編集したりするために使用できる強力なツールです。ビデオシーケンスエディター等で提供される簡易的なフィルターでは実現できないような複雑で高度な加工が自在に作成できます。映画やテレビの制作、VFX、モーショングラフィックなどのさまざまな現場で使用されます。

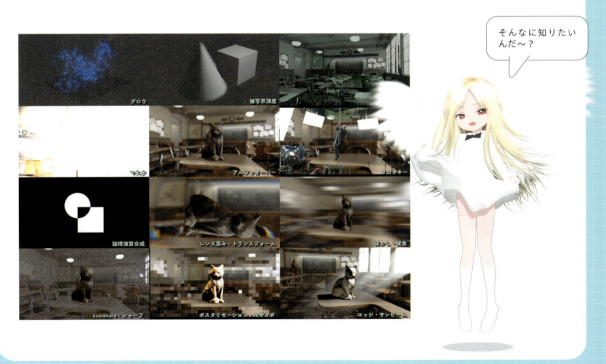

1 グロウ

光る粒子が飛び跳ねる動画を作ってみようと思います。

パーティクルの作成

1. まずは準備としてエフェクトをのせるためのシーンを作成します。適当に板状のメッシュを作成して、カメラビューで見て図のように配置してください❶。

　この2つの板は別オブジェクトにしておきます。

　下の平面は法線を真上に向かせたまま、上の平面は縦に回転させて下の平面より外側の上方に置き、法線は下のオブジェクトの縦軸の方へ向かせます❷。

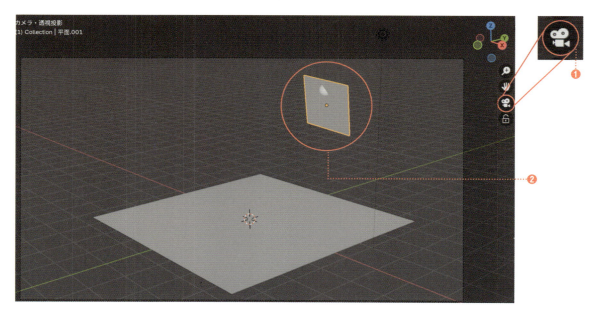

・グロウ

2 上のオブジェクトを選択した状態で[プロパティ]エリアの[パーティクル]タブにある[＋]マークを押してこのオブジェクトにパーティクルを新規作成します❶。

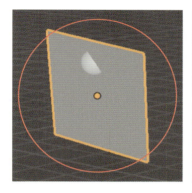

3 [速度]パネルにある[ノーマル]の値を大きくしてスペースキーを押してアニメーションを再生してみます❶。

　うまく上の平面からパーティクルが発生し、下の平面へ落ちていくようになっていれば成功です。もしズレてしまっていたらオブジェクトの位置や[ノーマル]の強さを調節してみましょう。

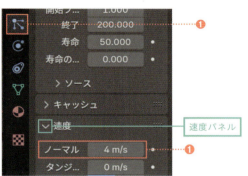

4 次に、下側の平面を選択して[プロパティ]エリアの[物理演算]タブにある[コリジョン]ボタンを押して有効にします❶。

　そして、[減衰][ランダム化][摩擦][ランダム化]の値を少し上げ、スペースキーを押してアニメーションを確認してみましょう❷。

　コリジョンを有効にすると、そのオブジェクトの表面でパーティクルが跳ね返るようになります。[減衰]は跳ね返る強さの減衰を、[摩擦]は速度を落とす度合いを、[ランダム化]はそれぞれの強さをどの程度ランダムにするかを決定することができます。アニメーションを確認しながら好みの数値に調整してみてください。

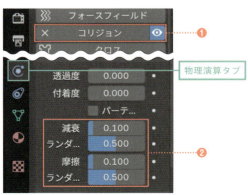

5. カメラから見えない位置に適当にオブジェクトを作成します（図では ico 球を追加していますが、平面数が少なければ何でも構いません）❶。

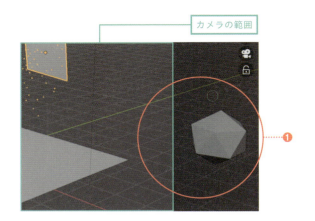

6. 先程の上側の平面オブジェクトを選択し、[パーティクル] タブにある [レンダー] パネルで [レンダリング方法] を [オブジェクト] へ切り替え、[スケール] の値を小さくします❶。
　下に現れる [オブジェクト] パネルで、[インスタンスオブジェクト] に今作成したオブジェクト（ico 球）を選択します❷。

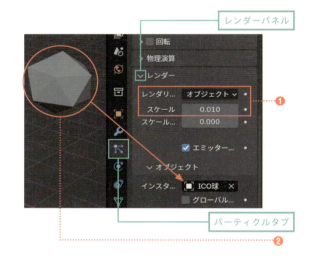

7. ライトオブジェクトがあれば削除しておきます❶。
　そしてインスタンスオブジェクト（ico 球）を選択してマテリアルを作成します❷。
　[放射] の [カラー] の明度は、マウスカーソルによるスライドでは通常 1.000 までしか上げることはできませんが、直接の数値入力によって 100 に設定し、その下の [強さ] を 1 にしておきます❸。

▪ グロウ

ベイクによるレンダリング

　このままレンダリングしても良いのですが、キャッシュの挙動次第でうまくパーティクルが出て居ない状態でレンダリングされてしまうこともあるため、「ベイク」を使用して確実にパーティクルがレンダリングされるように準備しておきます。

1 ［パーティクル］タブの［キャッシュ］パネルを開き、［ベイク］ボタンを押すとパーティクルの動きの計算が始まり、キャッシュに保存されます❶。
　一度ベイクを行ってしまえば計算結果は変わらないのでレンダリング時に意図しない状態となってしまうことを防げます。

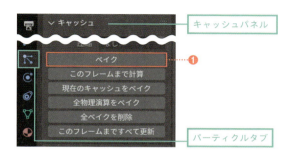

2 一番パーティクルが綺麗に跳ねているフレームで、ヘッダメニューの［レンダー］>［画像をレンダリング］から（または F12 ）レンダリングを行ってみましょう❶。

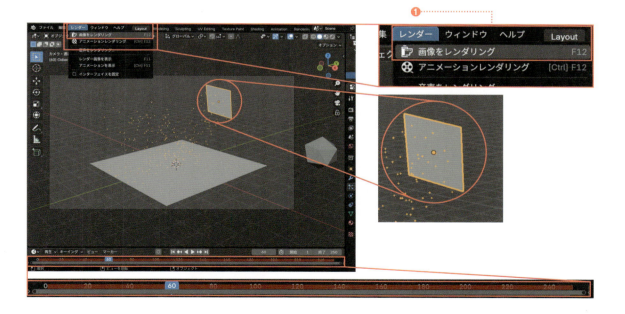

エフェクトの追加

粒子は表現できましたが、これだけではいまいち光っているという感じが出ていません。ここに、コンポジターを使用して更にエフェクトを追加してみようと思います。

1️⃣ コンポジターエディターをどう表示させてもいいのですが、ここれはわかりやすくワークスペースを使用します。Blender一番上のヘッダーの、右の方にある[Compositing]を押します❶。

使用環境の画面サイズによっては[Compositing]が見えない状態にあるので、そういった場合はヘッダー上で中ドラッグ（またはホイールを下に回転）を使用してヘッダーを左へスライドさせて表示させます。

[Compositing]を押すと、画面全体がコンポジター作業に適したエリア構成になるので、この左上の一番大きなエリアとなっている[コンポジター]エリアの、ヘッダーにある[ノードを使用]にチェックを入れると、エリア中央にリンクで繋がった2つのノードが現れます❷。

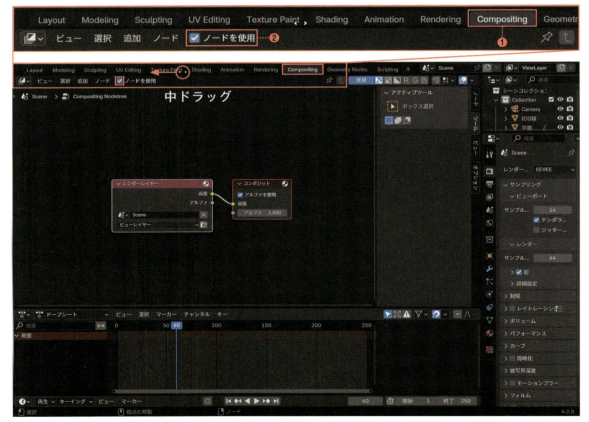

■ グロウ

3. Shift + A の追加メニューから［フィルター］＞［グレア］ノードを追加して、最初にある 2 つのノードの間のリンクの上に移動させて挿入します❶。

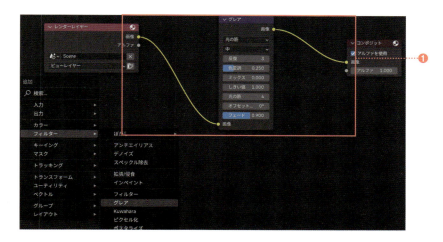

4. 改めてレンダリングを行うと、キラキラと光った状態にエフェクトがかけられているのが確認できたでしょうか。

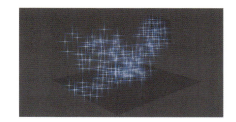

5. ［グレア］ノード一番上のプルダウンからグレアタイプを選択できます。次のプルダウンは品質を、［ミックス］でエフェクトのみの画像との混合具合を、［しきい値］は画面内のこの数値以上の明度のピクセルのみにエフェクトをかけるように、［サイズ］はグレアの相対サイズを決定します。追加メニューから［出力］＞［ビューアー］を追加し、［コンポジット］ノードと同じように［グレア］から出力された［画像］リンクをこちらにも繋ぎます❶。

6 この状態で、ヘッダーにある[背景]ボタンが押下されていれば、コンポジターエディター背景に出力結果が表示されるようになり、これはノードによる変更がリアルタイムに反映されるのでノード編集結果を見ながら作業することができます。サイドバーにある[ビュー]タブの[背景]パネルで、この背景のサイズや位置を調整することができます❶。

背景パネル

完成

これらを利用して好みの光の粒子のアニメーションを出力してみてください。

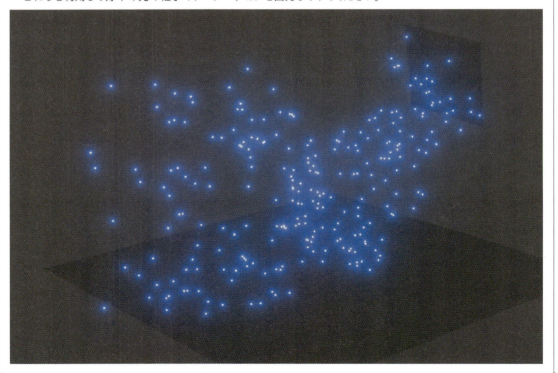

✅ POINT

今回、インスタンスオブジェクトのマテリアルで明度を 100 という大きな値に設定しました。Blender の画面上では本来、明るさの値というのは 0 から 1 の間しかありません。0 より下は真っ黒に、1 より上は真っ白に飽和してしまい、それ以上いくら上げても画面上は真っ白のままなので、それ以上大きな値があっても意味がないように感じられます。

1 より上は真っ白に飽和、0 より下は真っ黒に潰れてしまう

ところが、試しに明度 1 にして今回行ったグレアの加工を行ったレンダリングをしてみると、粒子が全く光ってくれず、明度 100 の場合と結果が大きく異なります。このことから、我々の目やモニター上では 1 より上の明るさが切り捨てられているとしても、内部的にはちゃんと 1 より上のデータが存在していて、そのデータを元にグレアで明るさが増幅されている様子が想像できます。これを理解することは Blender を高度に扱う上で、ひいては本書を読み進める上でとても重要な事になります。

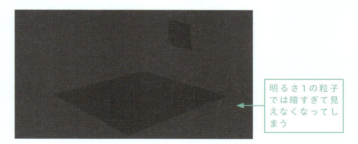

明るさ 1 の粒子では暗すぎて見えなくなってしまう

［プロパティ］エリア、［レンダー］タブの［カラーマネジメント］タブで、［ビュー変換］の項目がデフォルトでは［AgX］というものになっています。これを［標準］に切り替えると、ここでお話した 0 = 真っ黒 1 = 真っ白 という直感的でわかりやすい表示に切り替わります。一般的なペイントソフトや動画編集ソフトでの表示方法でもあります。

ややこしいことに、Blender は映画のようなリッチな表現を志向しているために、1 の明るさでも飽和しない落ち着いた色合いになるようこのような色の変換がデフォルトで行われます。親切心でやってくれていることではあるのですが、直感的に色を扱うのが非常に難しくなってしまうので、本書では全てこの［ビュー変換］を［標準］に切り替えた状態であることを前提に説明を行います。ファイルを新規作成した際には切り替え忘れないよう注意してください。

ピンボケ

被写界深度の浅いカメラによるピンボケを再現します。奥行きのあるシーンで、カメラが横から捉えている状態を想定します。

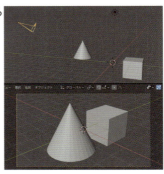

ピンボケの作成と調整

1 [カメラオブジェクト]プロパティで、[ビューポート表示]パネル内の[表示]項目[リミット]にチェックを入れます❶。

　するとカメラオブジェクトの向いている方向へ直線が表示されその中ほどに十字の黄色いマークが表示されるようになります。この十字はピントが合う距離を示していて、直線の長さは[レンズ]パネルの[範囲の開始]から[終了]までを表してます。[被写界深度]にチェックを入れてそのパネル内の[撮影距離]の値を変化させると、この十字マークが移動しピントが合う位置を調節できることがわかります❷。[焦点のオブジェクト]の欄で任意のオブジェクトを選択すれば、そのオブジェクトに常にピントが合うように設定することができます❸。

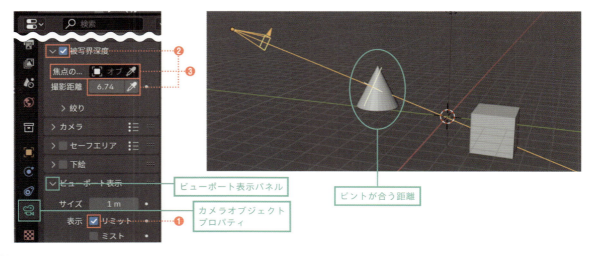

■ ピンボケ

2 コンポジターエディターを開き、追加メニューから [フィルター] > [ぼかし] > [ピンボケ] を追加して繋ぐことでレンダリング画像にピンボケを再現できるようになります❶。

3 [プロパティ] エリアの [ビューレイヤー] タブで、[パス] パネル内の [Z] にチェックを入れることでコンポジターの [レンダーレイヤー] ノードの出力ソケットに [深度] が追加されます❶。
　それぞれの [画像] ソケット同士を繋ぎ、[レンダーレイヤー] ノードの [深度] と [ピンボケ] ノードの [Z] を繋いで [バッファー使用] にチェックを入れて [F値] を調整することでボケの度合いを調節します❷。

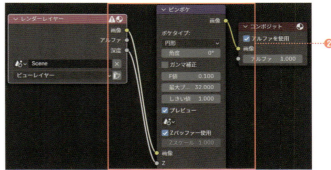

完成

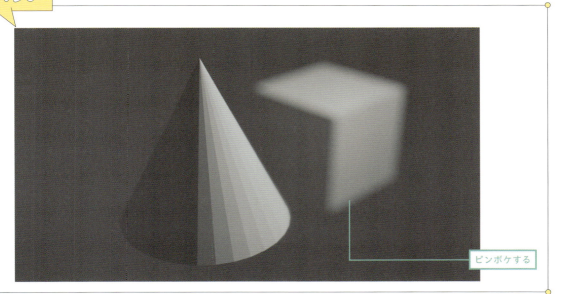

ピンボケする

# カラー調整

コンポジターには画像の色調や明暗を調整するノードが数多く用意されています。

※本書では、Blender 公式サイトのデモファイルの一つ「Classroom」（https://www.blender.org/download/demo-files/）（CC0）を使用していますが、どのようなシーンを使用していただいても構いません。

1️⃣ ［カラー］＞［調整］＞［HSV（色相／彩度／明度）］ノードを挟むと、レンダリング結果の色相彩度明度をそれぞれ調整することができ、その全てのかかる割合を［係数］で決定することができます❶。

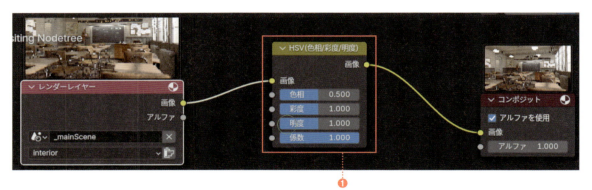

2️⃣ 一度でもレンダリングを行っている場合、どれか一つのエリアを［画像エディター］にして、ヘッダー中央のプルダウンから［Render Result］を選択しているとレンダリング結果が表示されるようになり、コンポジターの結果がリアルタイムに反映されます❶。

コンポジターの結果が反映される

40

● カラー調整

3 前述のコンポジターエディターの背景に表示する方法とどちらでもお好みの方で結果を確認しながらコンポジターを操作していくことをおすすめいたします。また、それぞれのノードの上にも小さくコンポジターの結果が表示され、これはヘッダーの一番右のプルダウンで [プレビュー] のチェックを外すことで非表示にもできます❶。

Memo
[カラー] > [調整] カテゴリには、これ以外にも色の調整に関するノードが数多くまとまっています。

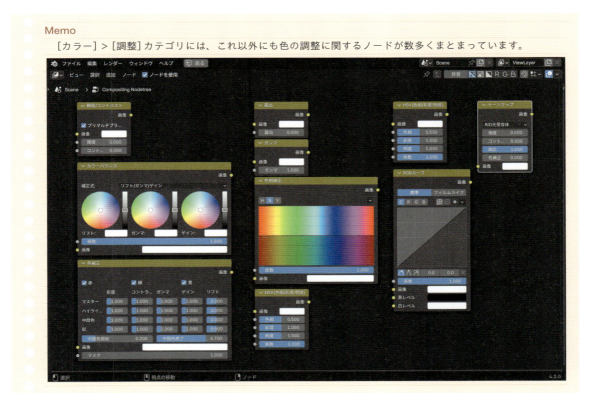

4 ここで、適当な「テクスチャ」を用意するために、［プロパティ］エリアの［テクスチャ］タブで、［新規］ボタンを押し、［タイプ］を［ブレンド］等（どれでも構いません）の白黒で表現されたものに切り替えます❶。
　［コンポジター］エディターで、［入力］>［テクスチャ］ノードを追加し、一番上の欄で今作成したテクスチャ名（デフォルトでは「テクスチャ」）を選択して、［値］または［カラー］ソケットから直接［コンポジット］ノードの［画像］ソケットに繋げてレンダリングすると、作成した白黒テクスチャがそのまま出力されます❷。

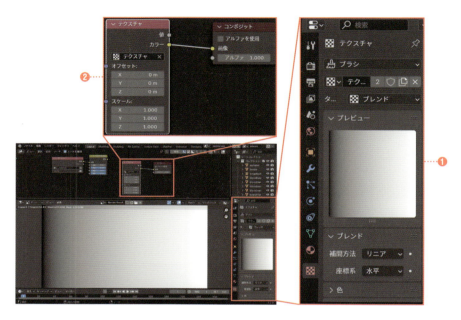

5 この［テクスチャ］ノードを先程の［HSV（色相／彩度／明度）］ノードの［係数］ソケットに接続すると、色への変更が接続したテクスチャの明るさに比例して反映されるようになります❶。
　このように、ノードは入力された画像の明るさ（白さ）を元にして変化の程度を制御できる、という理解はノードを扱う上でとても大切な事柄になります。今回使用した白黒画像は Blender 内で作成したものですが、もちろん外部の別ソフトを使って作った白黒画像でも同じことが可能です。

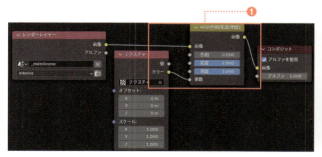 

テクスチャの明るさが反映される

マスク

「マスク」とは、画像処理において画像の特定領域を選択的に処理するための技術です。必要な部分だけを抜き出したり、逆に特定部分を隠したりする際に用いられます。

1 [画像エディター] エリアヘッダーの一番左の方にあるプルダウンを [マスク] へ切り替え、[追加] から [円] や [正方形] を選択すると、ベジエ曲線が追加されます❶。

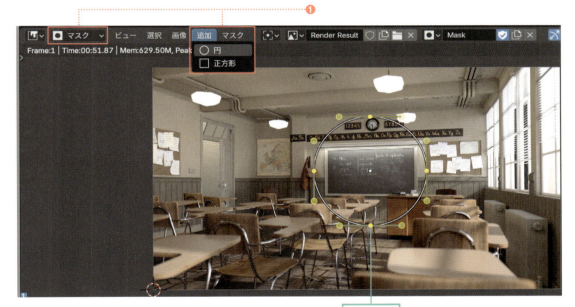

ベジエ曲線

> **Memo**
> [コンポジター] エリアでノードを選択し M を押すと、そのノードを一時的に無効にすることができます（ミュート）。再び M で元に戻ります。

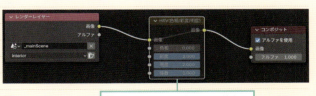

M キーで有効/無効を切り替える

2️⃣ ［コンポジター］エディターで［入力］＞［マスク］ノードを追加し、一番上の欄で今作成したマスクの名前（マスク名は［画像エディター］エリアマスクモード時にヘッダーに表示されています）を選択して編集ノードの［係数］ソケットに接続すると、そのマスクの形に変化が適用されるようになります❶。

つまり、作成したマスクの形に白黒画像が作成されているということがわかります。

> **Memo**
> ベジエ曲線のポイントやハンドルは、他のBlenderのほとんどの操作と同じように、[G]で移動、[R]で回転、[S]で拡縮が可能なので、自由に変形させることができます。[Ctrl]＋左クリックでポイントを追加、[X]で削除等も同様です。

3️⃣ ベジエ曲線のポイントを選択して[Alt]＋[S]でマウスを動かすと、フェザーウェイトを設定することができます❶。

マスクの境界線にグラデーションをかけることができるので、ノードの影響をボカした境界で与えることができます。また、サイドバーの［マスク］タブ、［アクティブスプライン］パネルで、ベジエ曲線のループやフェザーの設定等細かい設定が可能になっています。

■ マスク

4 マスクには、キーフレームを打つこともできます。ベジエ曲線のポイントを選択して[I]を押すことでそのフレームでその位置にキーフレームが打たれるので、フレームを移動しポイントも移動させてから[I]を押すことでポイントの移動をアニメーションさせることができます❶。

　フェザーウェイトの大きさ、コンポジターノードの明度も徐々に明るくなるようにキーフレームを打てば、光が明るくなっていき飽和していくような表現を作ることができます❷。

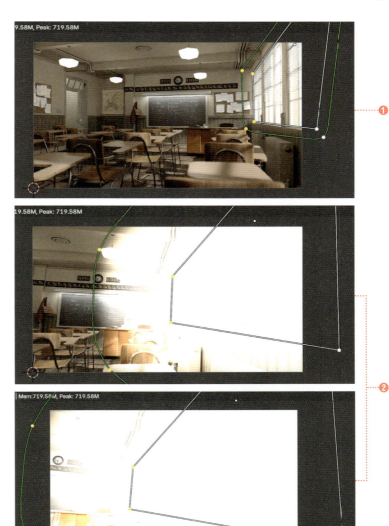

カラー合成

画像処理の基本である複数の画像の合成もコンポジターノードの得意とするところで、様々な合成方法が用意されています。

■ [カラー] > [ミックス] > [アルファオーバー] ノードを挟み、[入力] > [画像] ノードでアルファ付きの画像を読み込んで [画像] ソケットに繋ぐとアルファに基づいてレンダリング画像の上に合成することができます❶。

※本書では『Poly Haven』のモデル（https://polyhaven.com/a/concrete_cat_statue）（CC0）を使用していますが、アルファ付きの画像であればどんなものを使っていただいても構いません。

画像の合成ができる

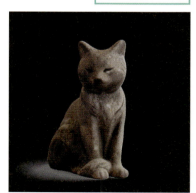

■ カラー合成

2 また、[カラー] > [ミックス] > [カラーミックス] であれば、下側の [画像] ソケットにアルファ付き画像を、[係数] ソケットに [アルファ] を繋げば、アルファオーバーと同じことができます❶。

アルファに基づく合成しかできないアルファオーバよりも、こちらの方が汎用的で多用することになります。

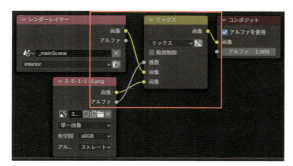 

3 この [カラーミックス] ノードは、一番上のプルダウンから選択することにより通常の [ミックス] 合成の他にも、乗算や焼き込みカラーやオーバーレイ等、一般的な画像編集ソフトでおなじみの合成を一通り扱うことができます❶。

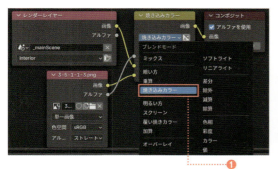 

Memo

[カラーミックス] ノードは、一番上のプルダウンからタイプを変更すると、ノード上部の名前（ラベルといいます）もそれに合わせて変わってしまいます。このように、現在のノードの能力によって名前部分が変わってしまうノードは [カラーミックス] ノードに限らず他にもいくつか存在するので注意してください。

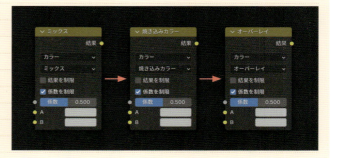

6 キーイング

キーイングとは画像から特定の色筆を元に、背景など不要な部分を透明にして切り抜く（マスクを作る）手法です。

🟦 ［キーイング］＞［クロマキー］ノードに背景をグリーンバックやブルーバックにした画像を繋ぎ、［キーカラー］にその背景の色を指定すると、背景を透明化した画像を出力します❶。
　［キーカラー］の色のバーの上にカーソルを置き E を押すとスポイト機能を利用することができます❷。

※本書ではBlenderオープンムービー『Tears of Steel』の画像（https://mango.blender.org/production/4-tb-original-4k-footage-available-as-cc-by/）（Creatieve Commons 3.0）（(CC) Blender Foundation | mango.blender.org）を使用していますが、グリーンバックやブルーバックの画像であればどんなものを使用していただいても構いません。

■ キーイング

2 [キーイング] > [キーイング] ノードも同じく色を指定して透明化するノードですが、こちらの方がスピル除去やエッジの処理等高度な機能を備えており、圧倒的に綺麗に背景を抜くことができます❶。

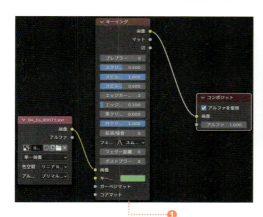

綺麗に背景を抜ける

3 この [キーイング] と [カラーミックス] を利用してグリーンバックの画像を他の背景と合成することが可能です。[キーイング] ノードの [マット] 出力がアルファの役割を果たします。更に、これだけでは除去しきれない部分がある場合、マスクも組み合わせてみましょう❶。

　新規マスクを追加してベジエ曲線で必要な部分だけを囲います❷。

4 その［マスク］ノードの出力と、［キーイング］ノードの［マット］を［カラーミックス］ノードによって［乗算］したものを［カラーミックス］ノードの［係数］へ繋げることで、キーイングで抜いたものかつマスクで囲われた範囲のみを合成することができます❶。

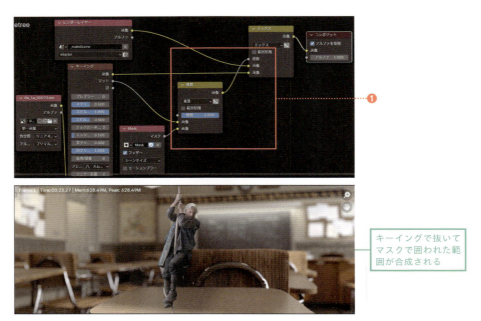

キーイングで抜いてマスクで囲われた範囲が合成される

5 この仕組みを理解するために、［キーイング］ノードの［マット］や［マスク］ノードの出力を直接［コンポジット］ノードに繋いで観察してみましょう❶。

　なんとなく「黒い部分が透明になるのだから、この2つの白い部分同士を合成すれば良い」ということがおわかりになるでしょうか。

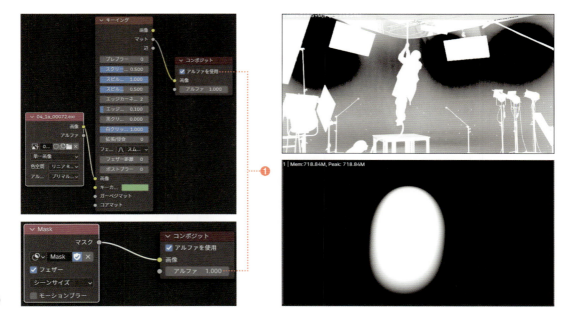

50

合成のしくみ

ここで、合成について少し深く切り込んでみたいと思います。合成とは内部でどのような計算が行われているかを正確に把握することで、より高度に思い通りな結果を導き出すことが出来ます。

様々な合成

1. アルファ付き画像には透明の度合い、正確には「不透明度」のデータが含まれており、これはグレースケールの画像として確認可能です。真っ白であれば完全に不透明、真っ黒であれば完全に透明、グレーであれば半透明になります❶。

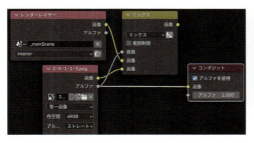

2. 前述の[マスク]ノードだけではなく、[マスク]>[楕円マスク]や[マスク]>[ボックスマスク]でプリミティブなマスクを作成することができます❶。

この2つを合成することを考えてみましょう。[カラーミックス]ノードを追加して、[係数]0.5で両方のマスクを繋いでみると、両者の重なり合った部分のみが明るく表示されます（両マスクの位置は調整してください）。このとき、両マスクの薄い部分は明るさ0.5、重なった明るい部分は明るさ1となっています。

3️⃣ これを [乗算] 合成に切り替え [係数] を1にすると、重なった部分のみ明るさ1、それ以外は0となります。
論理演算でいうところの「AND」にあたり、前節で行ったものはこちらになります❶。

4️⃣ 更に、これを [スクリーン] に切り替えてみると、マスクのある部分全てが明るさ1となります❶。
論理演算でいうところの「OR」にあたり、両マスク共を不透明にする合成が可能となります。

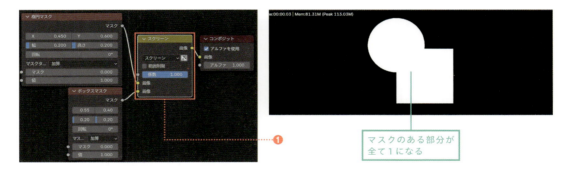

5️⃣ では、次に [加算] ではどうでしょうか。一見 [スクリーン] と同じように見えますが、実はそれぞれのマスク部分では明るさ1、重なった部分では明るさ2となっており、これでは問題が生じます❶。

■ 合成のしくみ

明るさの仕組み

　一般的なペイントソフト等で扱われる明るさの段階は、8bit（256 段階）で扱われ、真っ黒から真っ白までを 0 から 255 の整数値で表す、というのは多くの方がご存知かと思います。整数とは、簡単に言えば1、4、9、20 など、小数点を使わない数です。

　それに対し Blender は、32bit 浮動小数点数で色が扱われ、真っ黒から真っ白までを 0 から 1 の実数値で表します。状況にもよりますが最大 16777216 段階となります。実数とは、簡単に言えば 0.3、0.9、5.0 など、小数点を使うものも含む数です。

0 ～ 255

256 段階

0 ～ 1

最大 16777216 段階

　図 a、図 b は、グレースケールで描かれた画像をドットが見えるまで拡大したものと捉えてください。それぞれの数字は、そのマスの明るさを 0 から 1 までの実数で示したものです。

0	0.1	0.3	0.7	0.9	1	1	1	1	1
0	0.1	0.5	0.7	0.9	1	1	1	1	1
0	0.1	0.5	0.7	0.9	1	1	1	1	1
0	0.1	0.3	0.6	0.8	0.9	1	1	1	1
0	0.1	0.2	0.5	0.7	0.8	0.9	1	1	1
0	0	0.1	0.3	0.6	0.7	0.8	0.9	1	1
0	0	0.1	0.2	0.3	0.5	0.6	0.7	0.8	0.8
0	0	0	0.1	0.2	0.3	0.4	0.5	0.6	0.6
0	0	0	0	0.1	0.1	0.2	0.3	0.3	0.3
0	0	0	0	0	0	0.1	0.1	0.1	0.1

図a

0	0	0	0	0	0	0	0.3	0.6	1
0	0	0	0	0	0	0.3	0.5	0.6	1
0	0	0	0	0	0	0.2	0.5	0.6	1
0	0	0	0	0.1	0.3	0.7	1	1	1
0	0	0.1	0.2	0.3	0.4	0.6	1	1	1
0.1	0.2	0.3	0.5	0.7	0.6	1	1	1	1
0.5	0.6	0.7	0.7	0.8	1	1	1	1	1
0.7	0.8	1	1	1	1	1	1	1	1
1	1	1	1	1	1	1	1	1	1
1	1	1	1	1	1	1	1	1	1

図b

　図 a と図 b を乗算合成したものがこちらになります。単純に、それぞれのマスを掛け算したものになるということがおわかりいただけるでしょうか。図 a 図 b 共に 0 から 1 の範囲に収まる数しか存在していない場合、乗算であれば合成結果も 0 から 1 の値に収まることが保証されます。

　また、どちらかが 0 であればもう片方の数がなんであれ合成結果は 0 となり、合成結果が 1 になるためには両者ともが 1 でなければならないという特徴もあります。結果は、どちらかが暗いと

0	0	0	0	0	0	0	0.3	0.6	1
0	0	0	0	0	0	0.3	0.5	0.6	1
0	0	0	0	0	0.2	0.5	0.6	1	1
0	0	0	0	0.1	0.3	0.7	1	1	1
0	0	0	0.1	0.2	0.3	1	1	1	1
0	0	0	0.2	0.4	0.4	0.8	0.9	1	1
0	0.1	0.1	0.2	0.5	0.6	0.7	0.8	0.8	
0	0	0.1	0.2	0.3	0.4	0.5	0.6	0.6	
0	0	0	0	0.1	0.1	0.2	0.3	0.3	
0	0	0	0	0	0	0.1	0.1	0.1	0.1

乗算合成

ころを暗くする、どちらも明るいところだけ明るく残す、という全体的に暗い方向へ向かう合成のされ方をします。

では、今度は加算合成（足し算）をするとどうなるでしょうか。もちろん各マスを単純に足し算するわけですから、両者で明るい部分が重なっている場所では1を超える値のマスが大量に出来てしまいます。

1を超えているということは、明るさが飽和してしまっている、写真で言うところの白飛びのような見た目になってしまいます。

加算合成

これを回避しつつ、どちらかが明るいところを明るくする、どちらも暗い所のみを暗く残す、全体的に明るい方向へ向かう合成が出来るのが「スクリーン」という合成モードになります。

これは単純な掛け算や足し算と違い、「1-（1-a）(1-b)」という少し複雑な計算式で合成され、乗算と同じように全てのマスで0から1の値に収まることが保証されます。

スクリーン合成

明るさの値がゆるやかに推移するような状態が、自然で正常な写真の特徴です。

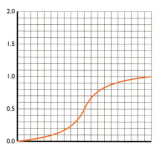

ところが加算合成でそのグラデーションが1を超えた領域も含んでしまうと、1以上の明るさは（見た目上）切り捨てられてしまうので、不自然なものとなります。

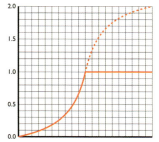

カラーミックスノードの各ブレンドモードの計算式は以下の通りです。A はベースカラー、B はミックスカラー、F は係数とします。

ミックス :A(1-F)+BF
暗い方 :min(A,B)
乗算 :AB
焼き込みカラー :1-(1-B)/A
明るい方 :max(A,B)
スクリーン :1-(1-A)(1-B)
覆い焼きカラー :A/(1-B)
加算 :A+B
オーバーレイ :A<=0.5 の場合 :2AB、A>0.5 の場合 :1-2(1-A)(1-B)
ソフトライト :B<=0.5 の場合 :A-(1-2B)A(1-A)、B>0.5 の場合 :A+(2B-1)($\sqrt{A}$-A)
リニアライト :B<=0.5 の場合 :A+2B-1、B>0.5 の場合 :A+2(B-0.5)
差分 :|A-B|
除外 :A+B-2AB
減算 :A-B
除算 :A/B(B が 0 の場合は 1)
色相 :B の色相を A に適用
彩度 :B の彩度を A に適用
カラー :B の色相と彩度を A に適用
値 :B の明度を A に適用

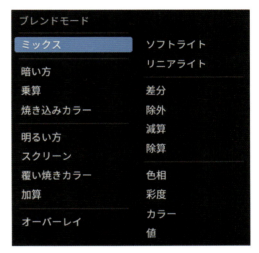

Memo

ちなみに、[カラーミックス]ノードの[範囲制限]にチェックを入れると見た目上だけではなく内部データ的にも 0 より下と 1 より上は切り捨てられます。

加算合成されたアルファ値を元に合成を行うと、明らかに異常な見た目となってしまいます。アルファ値に 1 以上の値が含まれてしまうとどのようなケースにおいても不具合が生じます。論理演算の「AND」合成を行いたいときは乗算、「OR」合成を行いたいときはスクリーンを使う、ということは覚えておいてください。

トランスフォーム

Blenderでは移動・回転・拡縮をまとめて「トランスフォーム」と呼称します。

［トランスフォーム］ノード

1 ［トランスフォーム］＞［トランスフォーム］ノードは、画像の移動、回転、拡縮を行うことが出来ます❶。
また、［トランスフォーム］＞［レンズ歪み］ノードはレンズの屈折による歪み（ディストーション）を再現することが出来、［分光］の値を上げれば光の周波数によって分光する様子を再現することが出来ます。

2 アルファ合成を行っている画像でこのトランスフォームを行う際は、注意する必要があります。合成している画像のみにトランスフォームをかけてしまうと、アルファとのズレが生じうまく合成されなくなります❶。

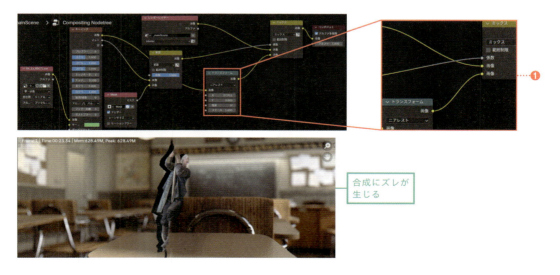

■トランスフォーム

3 それを回避するには、もちろんアルファ出力の方にも［トランスフォーム］ノードを繋ぎ、画像の方に繋いだ［トランスフォーム］ノードと全く同じパラメーターを設定するということが考えられます❶。

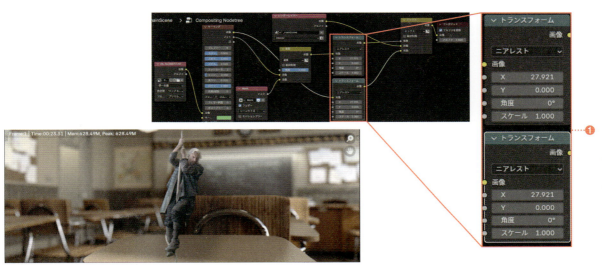

4 ですが微妙な位置の調整などを行う際、わざわざ2つの同じノードの同じパラメーターをいちいち合わせるのは面倒です。そこで［入力］＞［一定］＞［値］ノードを追加し、この出力を同じパラメーターにしなければいけない2つの入力に繋いでしまえば、［一定］ノードの値を調整するだけで両者の数値を一度に調整することが出来るようになります❶。

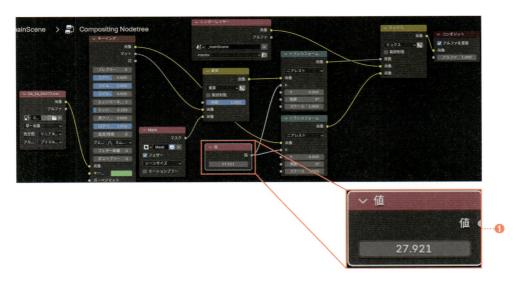

5 または、[トランスフォーム]ノードのみを選択して Ctrl + G を押し、[トランスフォーム]ノードのみのノードグループを作成します。一番上の[画像]ソケット以外のリンクは切断してしまいます❶。

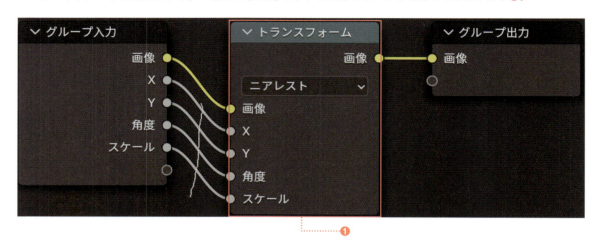

6 Ctrl + Tab でグループの外側に戻り、[トランスフォーム]ノードが繋がっていた二箇所を今作成したノードグループに置き換えます❶。

こう繋げることで、ノードグループ内でパラメーターを調整すればこの両者で同じ動作をさせることが出来ます。

RGB 分離

　RGB 分離とは、カラー画像を赤（R）、緑（G）、青（B）の 3 つの単色画像に分解することです。各画像はそれぞれの色成分の強度を表し、グレースケール画像として表示されます。

カラー分離とカラー合成

1 ［レンダーレイヤー］ノードや［画像］ノードの出力を［カラー］＞［ミックス］＞［カラー分離］に繋げると、［赤］［緑］［青］［アルファ］の個別のチャンネルの強度を出力することが出来ます❶。

2 逆に［カラー］＞［ミックス］＞［カラー合成］ノードは、各チャンネルの強度画像を元に、RGBA（赤、緑、青、アルファ）画像に統合して出力します❶。

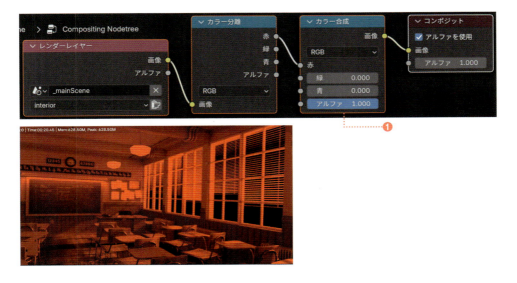

3 ［カラー分離］ノードで分離させた全てのチャンネルを［カラー合成］ノードにそのまま接続すれば完全に元通りの画像が出力されることから、この2つのノードは正反対の動作をするものであるということがわかります。

　ここで注目していただきたいのが、［画像］ソケットの色が黄色なのに対して各チャンネルのソケットはグレーで表示されているという点です。ソケットは厳密に扱うデータの種類で表示が分けられており、黄色いソケットはRGBAに統合されたデータを入出力し、グレーのソケットは強度のみを格納したグレースケールの画像を入出力します❶。

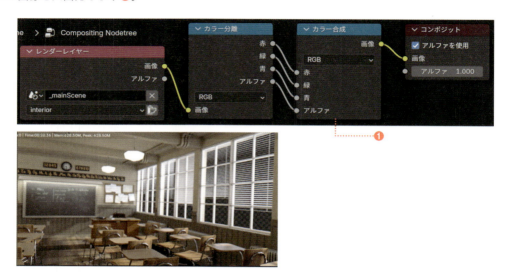

4 我々が普段見ているカラー画像は、赤緑青（とアルファ）の強度の重ね合わせで出来ているという理解は今後大切ものになっていきます。

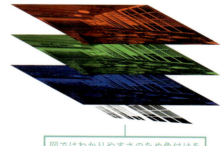

図ではわかりやすさのため色付けをしていますが、実際はグレースケールの画像で格納されています。

■RGB分離

✅ POINT
動画の扱い

　[入力]>[画像]ノードは動画ファイルも読み込むことが出来、その出力は画像と同じように扱うことが出来ます。読み込み後、サイドバーの[プロパティ]パネルで読み込んだ動画の総フレーム数を確認することが出来るので、これを参考に[画像]ノードの[フレーム]欄に再生させたい総フレーム数を入力します。また、その下の[開始フレーム]で入力したフレームから動画の再生を開始させることが出来ます。

10 レンダーレイヤー

作成したい表現によっては、別々にレンダリングしたものを合成するような方法でしか実現できないという状況に遭遇することがあります。Blender では、「レンダーレイヤー」という機能を使うことによってひとつの Blender ファイル内で異なるシーンを一度にレンダリングし合成するという複雑な工程を構成できます。

1. まず、Blender の一番上のヘッダー右の方にある [ViewLayer] となっているプルダウン右のボタンから、[新規] を選択して新規ビューレイヤーを作成します❶。

   これで、この Blender ファイルには 2 つのレンダーレイヤーが存在することになります。

2. この例では、教室をレンダリングしたものと、猫の置物をレンダリングしたものを合成したい場合を想定します。教室を構成するモデル全てを含めたコレクション、ライト関係を全て含めたコレクション、猫の置物関連を全て含めたコレクションの 3 つにまとめてあります。

   「Classroom」と名前をつけたレンダーレイヤーを表示させた状態で、猫のコレクション右にあるチェックボックスを外し、このレンダーレイヤーでは教室とライトのみが反映されるように設定します❶。

■ レンダーレイヤー

3 今度はレンダーレイヤーを他方へ切り替え、「Cat」と名前をつけました❶。

　こちらでは教室のコレクションのみチェックを外して、ライトと猫のコレクションにチェックが入っている状態にします❷。

　教室も猫もどちらもライトで照らされていてほしいのでこのようなコレクション分けにしました。

Memo

　猫の方のレンダリングについての補足です。[レンダー]タブで[レンダーエンジン]は[Cycles]にしておき、[フィルム]パネルで[透過]のチェックを入れ、適当に床となる平面オブジェクトを配置し[オブジェクト]タブの[可視性]パネルで[シャドウキャッチャー]にチェックを入れておくと、影のみを描画させるオブジェクトを作ることが出来ます。

4 コンポジターエディターで［入力］>［シーン］>［レンダーレイヤー］を追加し、一番下のプルダウンから一方を Classroom、もう一方を cat にすれば、一回のレンダリング操作で教室のみと猫の置物のみの結果を得ることが出来ます❶。

　静止画であれば手動で一回ずつレンダリングすれば良い所ですが、動画の場合では非常に役に立つテクニックになります。

64

11 フィルター

追加メニューの[フィルター]カテゴリには、画像にフィルターをかける様々なノードが用意されています。

❶[ぼかし]ノードは画像をぼかすことが出来、横方向にのみぼかす等アスペクト比を変えることも可能です❶。

[拡張/侵食]ノードは画像の外周を膨張させたり、収縮させたり出来ますが、グレースケール画像専用となります❷。

[インペイント]ノードは外周の色を延長するように膨張させることが出来、カラーにも対応します❸。

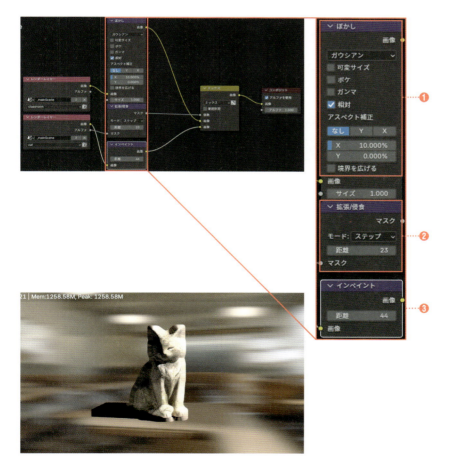

🟦2 ［フィルター］＞［フィルター］ノードはシンプルなぼかしやシャープ等、様々なフィルター機能が一つにまとめられており、プルダウンからフィルタータイプを選択します❶。

　ラベルの名前が選択したフィルターの名前で表示されてしまうのでご注意ください。［Kuwahara］ノードは、油絵のような表現へ変換してくれます❷。

🟦3 ［トランスフォーム］ノードで縮小したあと、［ピクセル化］ノードを挟み再び［トランスフォーム］ノードで逆数で拡大させれば、いわゆるモザイク化を施すことが出来ます❶。

　［ポスタライズ］ノードは色の階調を減らし減色させます❷。

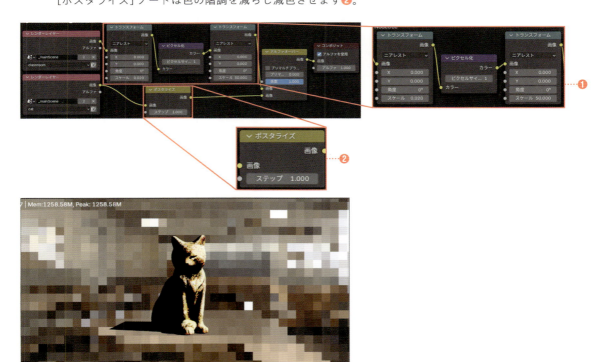

■ フィルター

Memo

モザイクのサイズを調整するには［トランスフォーム］ノードの数値を調整することになりますが、二つ目のトランスフォームで数値を逆数に計算して入れるというのは少し面倒です。そこで［入力］>［一定］>［値］ノードと［ユーティリティ］>［数式］ノードを追加し、プルダウンから［除算］を選択して上側の値を1にして図のように繋ぐと［値］ノードの数値だけでモザイクの大きさを調整できるようになります。

［数式］ノードは文字通り四則演算等で数式を作ることが出来るノードで、このような面倒な計算を自動化させることが出来ます。ここでは、「1÷値」という計算で逆数を導いています。

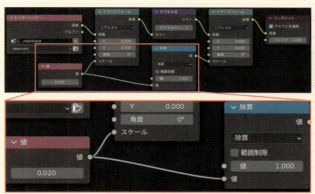

4 ［サンビーム］ノードは、陽の光が放射状に差し込んでいるような表現（薄明光線）を作ることが出来ます。ただしこのノード単体では全ての光が引きずられてしまうので、ある程度以上の明るさのみに影響するように選別してみましょう。［コンバーター］［カラー分離］ノードの、プルダウンから［HSV］を選択すると、色相 / 彩度 / 値（明度）/ アルファで分離させることが出来るようになります❶。

その［値］ソケットから、［ユーティリティ］>［数式］ノードの［大きい］へ切り替えたものへ繋げれば、ここで入力した［しきい値］以上の値（明度）のピクセルのみを画像から取り出すことが出来ます❷。

これを［サンビーム］ノードによって大きく引きずらせたものを元の画像と［スクリーン］合成させれば、日が差し込んでいる光線を再現することが出来ます❸。

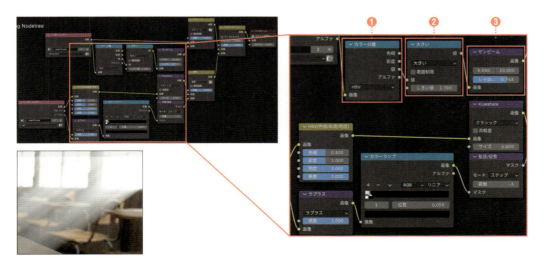

5 [プロパティ]エリアの[ビューレイヤー]タブにある[パス]パネル内のチェックボックスにチェックを入ると、その項目のデータがコンポジターの[レンダーレイヤー]ノードで出力できるようになります。

　例えば[ノーマル]にチェックを入れれば、[レンダーレイヤー]ノードに[ノーマル]ソケットが追加され、モデルの法線情報を取得できるようになります❶。

6 その法線を[フィルター]>[フィルター]ノードの[ラプラス]へ切り替えたものに繋げると、法線を元にモデルのエッジを得ることが出来ます❶。

使いやすい状態にするため、その出力を[カラー]>[カラーランプ]ノードに繋ぎ、図のように中央にあるツマミをドラッグして黒色のエッジ線を作ることが出来たら、[拡張/侵食]ノードでエッジの太さを調整し[乗算]合成すればイラストのようにエッジを黒くなぞったような表現が可能になります❷。

[カラーランプ]ノードは入力されたグレースケールのデータを、ツマミに設定した色へマッピングすることが出来るノードです。

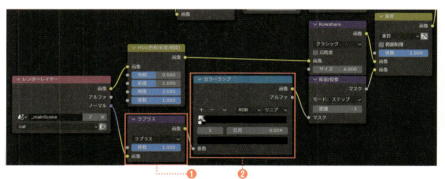

Memo

　[3Dビューポート]エリアヘッダの一番右のプルダウンで、マテリアルプレビューやレンダー表示モードになっているときに限り一番下の[コンポジター]の欄で[カメラ]や[常時]を選択すると、コンポジターのノードで変更した内容が[3Dビューポート]へリアルタイムに反映されるようになります。ただし、バージョン4.2時点で全てのノードに対応しているわけではないのでご注意ください。

12 モーションブラー

本項のシーンでは、星型のオブジェクトに画面右上から左下へ移動するアニメーションを付け、その中間付近のフレームでレンダリングしています。

1. [プロパティ]エリアの[ビューレイヤー]タブ、[パス]パネル内の[Z]と[ベクトル]にチェックを入れておきます❶。

　コンポジターエディターで[フィルター] > [ぼかし] > [ベクトルブラー]ノードを追加し、[レンダーレイヤー]ノードに追加された[Z]と[ベクトル]ソケットを[Z]、[速度]ソケットに繋ぎ、あとは[画像]ソケット同士を繋げばベクトルブラー（モーションブラー）を付加することができます❷。

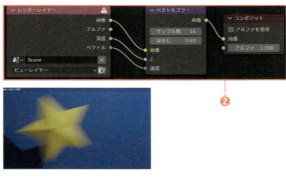

2. 適当にテクスチャを作るために、[プロパティ]エリアの[テクスチャ]タブで、[新規]ボタンを押してタイプを[ボロノイ]に変更します❶。

　コンポジターでこのテクスチャを先程の[ベクトル]出力に乗算合成することで、まるでアニメの高速表現のようにブラーをギザギザに変化させることが出来ます❷。

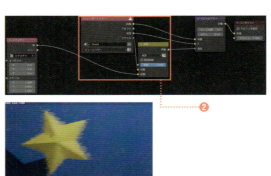

3️⃣ 仕組みを理解するために、試しにこの［ベクトル］出力を直接［コンポジット］ノードに繋いでみましょう❶。

　ほとんどのケースでは、そのままでは明るすぎて真っ白にしか表示されないので、［HSV］ノード等で明度を小さくしてみると、このケースでは赤色に表示されました❷。

　［ベクトル］データは実は単純に、横移動を赤、縦移動を緑で表現しているだけのものです。

4️⃣ これに対してノイズを乗算することで、黒い穴が空くことになります。［ベクトル］データにおける「真っ黒」は、その場所では全く動きが無いことを意味するので、ブラーの効く場所効かない場所をノイズ状に混在させることが出来、結果的にギザギザのブラーを表現することが出来るというわけです❶。

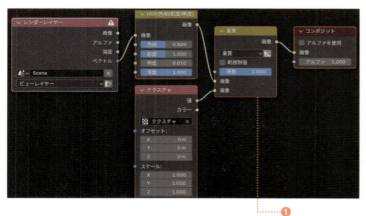
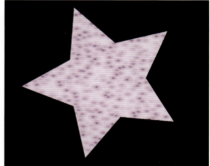

13 トラッキング

トラッキングは、動画から特定の対象物を検出し、その動きを追跡する機能です。

トラックマーカーの設置

1. Blender 一番上のヘッダーの[ファイル]＞[新規]＞[VFX]を選択すると、トラッキングに適したファイル構成を読み込むことが出来ます❶。

2. 中央付近の[開く]ボタンから、トラッキングを行いたい動画ファイルを読み込みます❶。

3. ツールバーの[トラック]タブ、[クリップ]パネルの[シーンフレームを設定]ボタンを押すと、出力フレーム範囲を自動的に読み込んだ動画の長さと同じに揃えてくれます❶。

出力フレーム範囲が動画の長さが揃う

4 動画中のなるべく特徴的なポイントを見つけて、[Ctrl]+左クリックをしてみてください❶。

その場所に[トラック]と呼ばれる黄色いマーカーが追加されます。サイドバーの[トラック]タブを開いておけば、アクティブトラックの場所が拡大表示され、微調整がしやすくなります❷。

トラックは[G]で移動、[R]で回転、[S]で拡縮が可能です。トランスフォーム中に[Shift]キーを押しながらマウス移動させる微調整も併用して、より特徴的な位置に置くようにします❸。

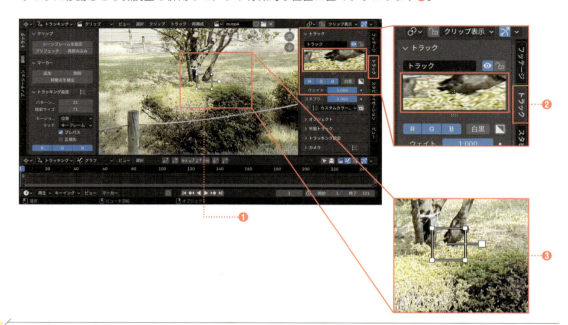

トラッキングを行う

1 ツールバーの[トラック]タブ、[トラックパネル]にある上段右から二番目のボタンを押すと、動画が再生されトラックが特徴ピクセルに追随し、その軌跡が赤い線で描かれます❶。

使用頻度の多い操作なのでショートカットキーの[Ctrl]+[T]を覚えてしまったほうが良いかもしれません。下のグラフエディターとなっているエリアでは、トラックのX軸の位置を赤、Y軸の位置を緑で示したグラフが表示されます。

72

2 動画の画質が荒かったり、カメラを振るスピードが早かったりするとうまくトラッキングが出来ず途中で止まってしまうことがあります（トラックが黄色から赤に変わります）。止まった箇所で手動でトラックの位置を修正し、再び Ctrl + T でトラッキングを再開することを繰り返して、動画の最後まで行くかトラックが画面外へ出てしまうまでトラッキングを完了させます❶。

3 グラフに小さな山のようなものがある箇所は、トラックの位置が急激に変わったことを表しています。動画のカメラ移動がなめらかにも関わらずこういった山がある場合はトラッキングが失敗している可能性が高くなっています。
　そのフレームに移動してみて、トラックがズレてしまっているようだったら手動で修正しトラッキングし直すと、綺麗な結果を得られやすくなります❶。

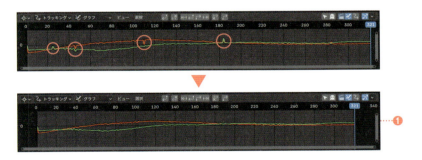

4 ほかの場所に新たにトラックを追加し、同じ手順でトラッキングを行います❶。

5. 逆に、動画の最後のフレームでトラックを追加し、先程のトラッキングボタンの一つ左のボタンを押せば、動画を逆再生し時間を逆向きにトラッキングしてくれます（ショートカットキーは Shift + Ctrl + T）❶。動画の最初の方では画面外にあるような場所でトラッキングをするのに適しています。

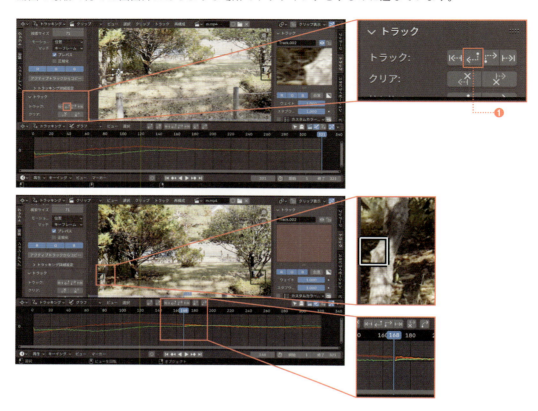

6. 左上にあるドープシートタイプのエリアでは、各トラックで現在トラッキングに成功しているフレームを帯で表示しています。最終的には全てのフレームで常に8個以上の成功したトラッキングが存在していなければなりません。

　背景が黄色くなっているフレームはトラッキングがやや不足しているフレーム、赤くなっているフレームは全く不足しているフレームです。これを目安に、最も不足しているフレームあたりで再び［特徴点を検出］でトラックを大量に追加し、トラッキングを行って赤や黄色の背景が無くなるまで作業を繰り返します❶。

Memo

前の項目のような感じでひとつひとつトラックを作成していくというのが最も綺麗な結果が得られ理想ではあるのですが、やはり手動ではとても大変です。ツールバーの[トラック]タブの[マーカー]パネルにある[特徴点を検出]ボタンを押すことで、自動でトラックを大量に配置することが出来ます❶。

数が多すぎると負荷が大きいので、直後に出るフローティングウィンドウの数値を調整しある程度の数まで減らします。

複数のトラックを選択した状態で Ctrl + T や Shift + Ctrl + T を使うと、複数同時にトラッキングを行うことが出来ます❷。

カメラモーションの解析

1 サイドバーの[トラック]タブにある[カメラ]パネルで、動画を撮影したカメラの[センサー幅]、[アスペクト比]、レンズの[焦点距離]等を入力します❶。パネル右上の「▤」でカメラのプリセットも用意されています❶。

ツールバーの[解析]タブ[解析]パネルで、[カメラモーションの解析]ボタンを押すとカメラの動きが計算され、作成されます❷。

[シーン設定]パネルの[トラッキングシーン設定]ボタンを押すと、トラッキング合成に適したシーン等様々な設定を自動的に作成してくれます❸。

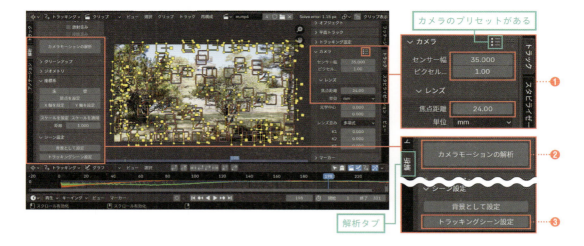

2 作成される床のような平面オブジェクトは、前述した [シャドウキャッチャー] が自動的に設定されています。また、コンポジターノードによる合成の設定も自動的にされているので、床オブジェクトの上に好きなオブジェクトを作成しレンダリングするだけである程度トラッキング合成が出来上がっています❶。

あとはランプの角度等細かく調整し完成です。

完成

入力動画のカメラの動きと、3Dシーン上のカメラの動きが完全に一致することによって、まるでその動画の中に 3D オブジェクトが存在しているかのようなリアルな合成映像を作成することができます。

Chapter

シェーダーノード

　シェーダーノードとは、3Dモデルの材質（マテリアル）をノードベースで編集するための機能です。色、光沢、テクスチャなどの要素をノードを使って組み合わせることで、さまざまな材質を作ることができます。使いこなすことで、複雑な材質を自由に作成することができるようになります。

あなたに理解できるかしら？

1 インターフェース

　コンポジターノードはあくまで平面に対して何らかの処理を施す道具だったのに対して、シェーダーノードは立体に対して様々な効果を与えます。2D から 3D へたった一次元上がっただけとはいえ、その複雑さは何倍にも増すことになります。

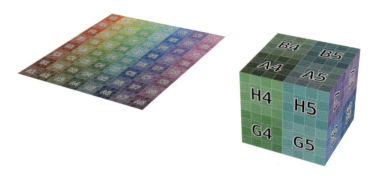

シェーダーノード

1. わかりやすさのため、あらかじめ用意されたワークスペースを使用してみます。Blender 一番上のヘッダーにある、[Shading] を押してください❶。
　中央上段がカスタマイズされた [3D ビューポート] エリア、下段が [シェーダーエディター] エリアになります。もちろん慣れている方であれば自分でエリアを構成してしまっても構いません。

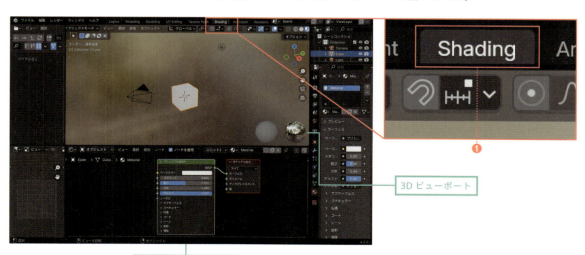

■ インターフェース

2. 3Dビュー右下に表示されている球体は、マテリアルの状態を手軽に確認するためのプレビューです。ヘッダーのオーバーレイ表示ボタンの右にあるプルダウンで、［HDRIプレビュー］のチェックでオンオフ出来ます❶。

3. ［マテリアルプレビュー］表示時、ヘッダー一番右のプルダウンで、［ワールドの不透明度］を上げるとプレビュー用の背景を表示できます❶。
また、［ぼかし］でぼかしの度合いを、［強度］で明るさを設定します❷。

Memo
余談ですがデフォルトで表示されるこの背景は名古屋城 二之丸庭園で撮影されたもののようです。全世界でBlenderを使用している人たちが、日本の城のお庭を見ながら作業しているわけですね。

2 シェーダー

マテリアル新規作成時、最初から設置されている［プリンシプル BSDF］ノードは、Blender において最も基本となるマテリアルの構成セットです。［プロパティ］エリア、［マテリアル］タブ、［サーフェス］パネルで表示されているものはこの［プリンシプル BSDF］ノードと同じものを表示しています。どちらか片方のパラメーターを操作すれば、両方が同期する様子が見て取れます。

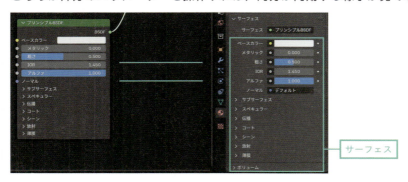

テクスチャの適用

1. 試しに、［シェーダーエディター］追加メニューから、［テクスチャ］＞［レンガテクスチャ］ノードを追加し［プリンシプル BSDF］ノードの［ベースカラー］ソケットに接続してみてください❶。

   すると、［プロパティ］エリアの［ベースカラー］左側に［∨］が表示され、これを開くと今接続した［レンガテクスチャ］のパラメーターがそのまま表示されています❷。

   つまり［シェーダーエディター］で接続されているノードは、全てこの［プロパティ］エリア［マテリアル］タブ内でもリスト形式で表示され編集することが可能になっています。ただし、何がどう繋がっているかの視認性が非常に悪いので［プリンシプル BSDF］だけのシンプルなマテリアル

の場合を除いてあまり［プロパティ］エリアの方で編集することはおすすめしません。本書ではノードによる編集に絞って解説していきます。

■ シェーダー

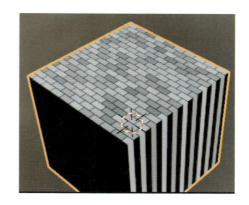

［プリンシプル BSDF］ノード

「プリンシプル BSDF」ノードの内訳について解説していきます。一般的な質感であれば、ほぼこのノードのみで実現できるよう様々な機能が内包されています。

ベースカラー

ディフューズ、サブサーフェス、メタリック、伝播に使用される基本的な色を決定します。色のついたボックスをクリックするとカラーホイールのウィンドウがポップアップし、ここから色を選択することが出来ます。HSV（色相、彩度、明度）の他、RGB や 16 進数でも数値入力が可能ですが、16 進数は各色 256 の深度しか持たないため丸められてしまうので注意が必要です。

また、カラーボックス上で E を押すことでスポイトへのショートカットになり、Blender 上のどの場所からも色を拾ってくることが出来ます。この際、カラーマネジメントのビュー変換を［標準］にしていないと、拾ってきたはずの色と全く違って見えるという現象が発生し得ます。

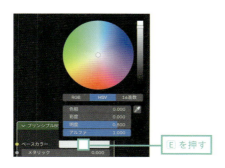
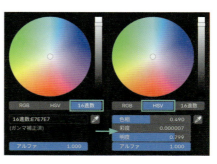

カラーホイールは、プリファレンスの[インターフェイス] > [エディター] > [カラーピッカーの種類]で別のものに切り替えることも可能です。

メタリック

EEVEEで他のオブジェクトを写り込ませるには、[プロパティ]エリアの[レンダー]タブで[レイトレーシング]にチェックを入れます。

ただしこれは擬似的に再現する手法であるため、カメラから写っていない裏側までは反射像を作ることが出来ず、場合によっては不自然な結果になります。

金属光沢（鏡面反射）をブレンドします。

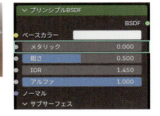

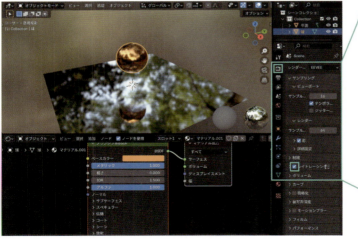

粗さ

表面の粗さ（微細な凹凸の強さ）を設定します。

IOR

反射や伝播の屈折率を設定します。

アルファ

不透明度を設定します。サイドバーの［オプション］タブ、［サーフェス］パネルの［レンダーメソッド］で透過の方式を変更でき、［影を透過］のチェックで透過影を作ります。ビューポート上での影の粗さが気になる場合は、［プロパティ］エリア［レンダー］タブの［サンプリング］パネルにある［ジッターシャドウ］にチェックを入れます。

ノーマル

法線を変更し擬似的な凹凸を作ります。

サブサーフェス

表面下散乱を再現し、皮膚や大理石や牛乳のような、不透明だけどほんの少し光を通すような素材の柔らかな陰を作ります。

［半径］の値で RGB それぞれの拡散距離を設定します。デフォルトでは赤の値が大きくなっているので皮膚の拡散に向いた設定と言えます。その下の［スケール］の値で、［半径］に掛けられる拡散の距離を指定します。サブサーフェスには屈折率や異方性が設定可能ですが、Cycles のみとなります。

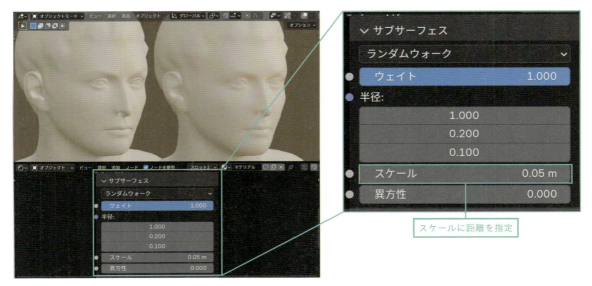

面の向こう側にライトを置けば、不透明でありながら光は漏れてくるような表現が可能です。

スペキュラー

　[異方性]はCyclesのみ使用可能で、髪の毛やヘアライン加工された金属のような光沢を再現できます。

　艶、ハイライトと呼ばれるような鋭い光沢を作り出します。

伝播

ガラスや液体のような透明な素材を再現します。アルファとは違い屈折も考慮します。

伝播によるガラス板のような表現

1. EEVEEで後ろのオブジェクトも写り込ませるには、[プロパティ]エリアの[レンダー]タブで[レイトレーシング]にチェックを入れます❶。

   そしてシェーダーエディターのサイドバーの[オプション]タブの[サーフェル]パネルで[レイトレース伝播]にもチェックを入れます❷。

   その下の[幅]のプルダウンメニューで厚みモデルを[球]と[厚みのある板]から選択することが出来ます❸。

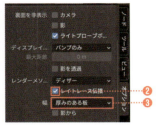

2. シェーダーエディターの[マテリアル出力]の[幅]ソケットに[入力]>[値]ノードを接続することで、この値の薄さのガラス板のようなものを再現することが出来ます❶。

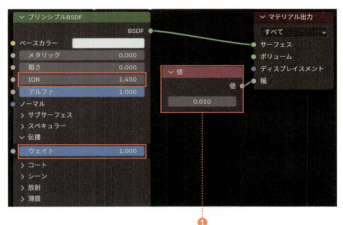

コート

上記の材質の上に更にもう一層重ねるように上乗せし、コーティングしたような材質を作ります。

86

シーン

　法線が横向きなほど強く色を重ねることによって、ベルベットや短い毛、薄く埃がのったような質感を作ります。

放射

オブジェクト自体を発光させます。

薄膜

　薄膜干渉を再現します。4.2 現在 Cycles のみ、スペキュラーに対応しています。

POINT

　追加メニューの [シェーダー] カテゴリにある [ディフューズ BSDF] [放射] [グラス BSDF] [光沢 BSDF] [屈折 BSDF] [SSS] [透過 BSDF] ノードは、ここまでご紹介した [プリンシプル BSDF] ノードのそれぞれの機能を細かく分割したノードになります。逆に言えば、[プリンシプル BSDF] ノードはこれらのノードを一つにまとめて扱いやすくした万能ノードとも言えます。

Memo

　[プリンシプル BSDF] は OpenPBR というオープンソース規格に基づき、3DCG 業界内での互換性を向上させる目的で設計されたシェーダーであるため、他ソフトとの連携や移行等に有利になる可能性があります。たとえこの中の一つの機能のみに用がある場合でも、単機能のノードよりもなるべく [プリンシプル BSDF] ノードを使用することをおすすめします。ただし、完全に他の光源に影響されない放射オブジェクト等、非現実的であったり特殊なマテリアルを作りたい場合、単機能ノードでなければ実現できない表現もあります。

その他のシェーダーノード

［プリンシプБSDF］に含まれない他のシェーダーノードについて解説します。

ホールドアウト

［ホールドアウト］ノードは、レンダリング結果を完全に透明にする表面を作ります。通常はマスクとして使用します。

半透明 BSDF

［半透明 BSDF］は、面の後ろ側の光を表側に影響させます。［サブサーフェス］の透光と似ていますがこちらは Cycles でも使用可能です。

シェーダー加算

［シェーダー加算］は、2つのシェーダーノードを加算合成します。図は、透明な物体が裏にあるオレンジ色の光源の影響を受けている様子を作っています。

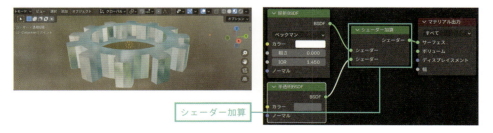

シェーダーミックス

　[シェーダーミックス]ノードは、2つのシェーダーノードを係数に基づいて合成します。図は、オブジェクトの一端をグラデーション状にホールドアウトさせています。

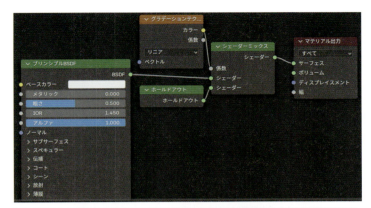

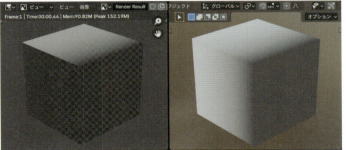

プリンシプルボリューム

　[プリンシプルボリューム]ノードは、他のシェーダーノードのように表面の質感を作るのではなく、中身を霧のように表現する「ボリューム」を生成します。出力は[マテリアル出力]ノードの[ボリューム]の方へ接続します。[ボリュームの散乱][ボリュームの吸収]ノードは、[プリンシプルボリューム]ノードに含まれている各機能を個別にバラしたものになります。

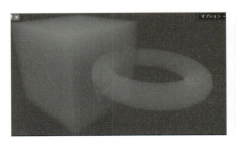

3 テクスチャ

[テクスチャ]カテゴリのノードは、画像を出力します。このうち、[レンガテクスチャ][チェッカーテクスチャ][グラデーションテクスチャ][マジックテクスチャ][ノイズテクスチャ][ボロノイテクスチャ][波テクスチャ]は、「プロシージャルテクスチャ」と呼ばれるタイプのものになります。日本語に訳せば「手続き型」となり、入力したパラメータを元に計算され作成された画像が出力されます。

これらのテクスチャはピクセル一つ一つのデータは持たず、少ないパラメーターのみから計算されるため容量が非常に少なく済み、無限に拡大していってもシャギーが現れることがないという強みを持ちます。

また、無限の広がりを持つためパターンが見えてしまうということもありません。

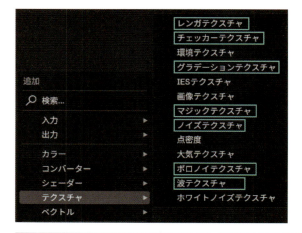

レンガテクスチャ

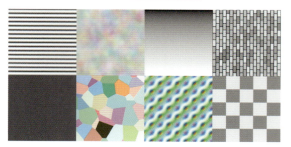

■ テクスチャ

［画像テクスチャ］ノードの設定方法

　［画像テクスチャ］ノードを繋げ、フォルダのようなアイコンからファイルブラウザで画像ファイルを選択することで、外部の画像ファイルをテクスチャとして使うことができます。

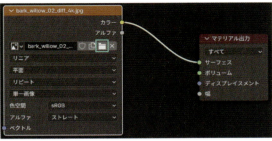

　テクスチャ系のノードから、シェーダー系のノードに繋ぐことでテクスチャの画像にシェーダーの陰影をプラスした質感を作ることができます。

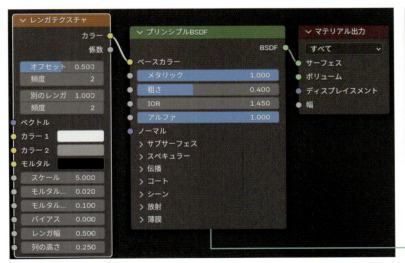
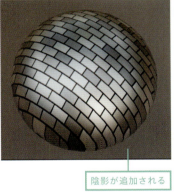

陰影が追加される

プリンシプルBSDFを繋ぐ

4 マッピング

　単純にレンガテクスチャノードを出力へ繋げただけの場合、側面のテクスチャが歪められたような状態になってしまいます。

　これは、特に指定しなければテクスチャは単純に真上から真下へ向かって真っ直ぐ照射するように適用されるためです。言い換えれば、XY平面上にレンガ模様を描画し、Z軸方向へは同じ模様が連続するようになっているため、途中で切断すれば金太郎飴のように同じ模様が現れます。

テクスチャが歪む

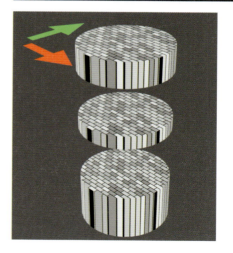

■マッピング

マッピングについて

　上記の状態を別のルールに則って貼り付けたい場合は「マッピング」を行う必要があります。全てのテクスチャ系ノードには、左側に［ベクトル］入力ソケットが用意されています。ここにテクスチャ座標を入力することにより様々な形式でテクスチャを貼り付けることができます。追加メニューから［入力］＞［テクスチャ座標］ノードを追加してください。

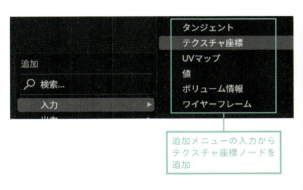
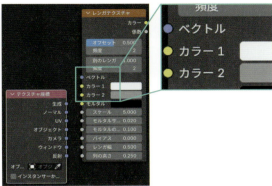

生成

　［生成］は外部画像テクスチャを貼り付けるのに適した座標を出力します。バウンディングボックスの最も低い点を（0.0.0）に、もっとも高い点を（1.1.1）として引き伸ばすように調整されるため、Z ＋方向に真っ直ぐ向いた正方形や長方形に外部画像を貼り付けるのに最も向いていますが、アスペクト比はメッシュと画像とで合わせておかなければ歪んでしまうことになります。

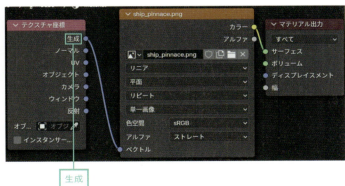

バウンディングボックス

　バウンディングボックスとは、そのオブジェクトメッシュをすっぽり包むような仮想的な立方体のことで、［プロパティ］エリアの［オブジェクト］タブ、［ビューポート表示］パネルの［テクスチャ空間］チェックボックスでこの［生成］に使われるテクスチャ空間を表示することができます。

[データ]パネルの[テクスチャ空間]パネルで[自動テクスチャ空間]にチェックが入っていればこのテクスチャ空間は自動的にバウンディングボックスと一致するように調整され、チェックを外せば下の欄でテクスチャ空間の位置とサイズを編集することができます。

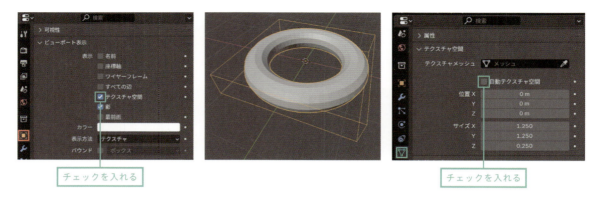

ノーマル

　[ノーマル]はメッシュの法線を出力します。通常はあまりメッシュへのテクスチャの貼り付けのために使われることはありません。

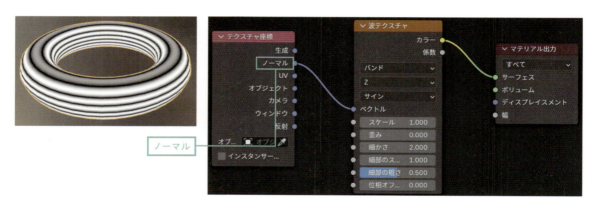

　主な使われ方として、ランプオブジェクトに任意のテクスチャで光を放射させるために使用します。ランプオブジェクトへテクスチャを適用するには[ノーマル]しか使用できず、またCycles限定となります。

■ マッピング

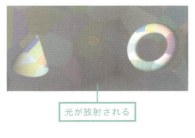

光が放射される

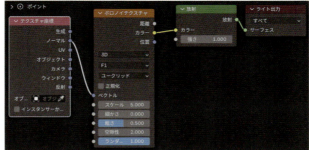

UV

　[UV]はメッシュの UV マップを出力します。カーブオブジェクトでは、軸方向を U、周方向を V とした UV マップが自動的に作られます。

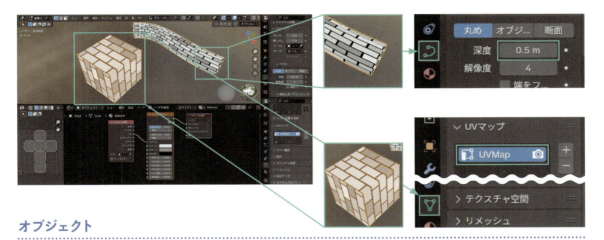

オブジェクト

　[オブジェクト]はオブジェクトの位置、角度、サイズをそのまま出力します。そのため、オブジェクトの中心がテクスチャ座標の（0.0.0）となり、外部入力画像を貼り付けると X と Y の 0-1 の範囲である右上に配置されてしまいます。外部入力画像では扱いづらいものとなりますが、クセがなく最も単純な座標なので、プロシージャルテクスチャでは多用することになります。

オブジェクト

カメラ

　［カメラ］はカメラから見た視点をそのまま座標とします。そのため、カメラやオブジェクトが動いてもテクスチャはカメラ視点での位置で固定されます。視点の中心が（0.0.0）になるため、外部入力画像テクスチャは右上に表示されます。

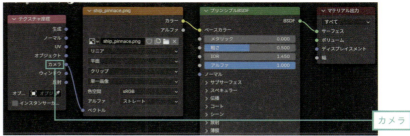

ウィンドウ

　［ウィンドウ］は［カメラ］と似ていますが、こちらは表示ウィンドウまたはカメラ視点出力左下を（0.0.0）、右上を（1.1.1）とするため、外部入力画像テクスチャは画面いっぱいに引き伸ばされます。

反射

　［反射］は環境マッピング用の反射ベクトルを出力します。［テクスチャ］>［環境テクスチャ］ノードを追加し、正距円筒図法で作られた画像を読み込んで繋げることで、擬似的に鏡面反射を再現することができます。

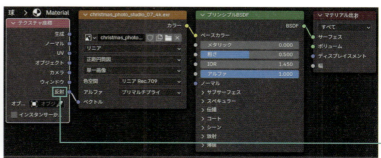

テクスチャ座標の仕組み

　[テクスチャ座標]ノードから直接ソケットを[マテリアル出力]ノードに繋いでみると、座標データとは単純な色の合成データであることがわかります。

　オブジェクトの原点を基準点（0,0,0）とし、X方向を赤色の強さ、Y方向を緑色の強さ、Z方向を青色の強さで表しています。XY共にプラスの位置は赤と緑の合成色である黄色、YXプラスの位置は青と緑の合成色であるシアン、XZプラスの位置は赤と青の合成色であるマゼンタ、XYZ全てがプラスの位置は白、全てがマイナスの位置は黒となっていることがわかるでしょうか（図ではYのみがプラスである緑色は裏側になっていて見えていません）。

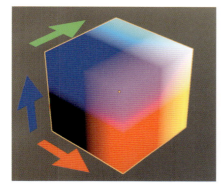

　[画像テクスチャ]や[レンガテクスチャ]は、二次元のテクスチャであるためXY平面に描画されZ軸方向は同じ画像が連続するのに対して、それ以外のテクスチャは三次元の広がりを持つためZ軸方向へも模様が作られます。

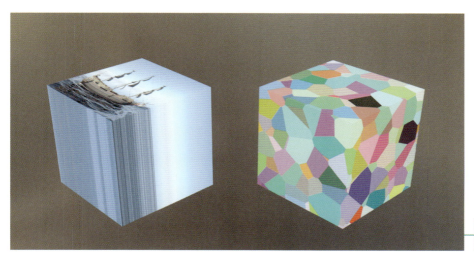

Z軸方向にも模様が作られる

ワールド

　［シェーダーエディター］エリアヘッダの左端にある［シェーダータイプ］プルダウンから［ワールド］を選択すると、ワールドのシェーダーノードを編集することができます。テクスチャ＞大気テクスチャノードを追加して接続すれば、青空や夕焼けといった大気をワールドに再現することができます。Cycles 限定で、太陽の円を描写することもできます。

ワールドを選択

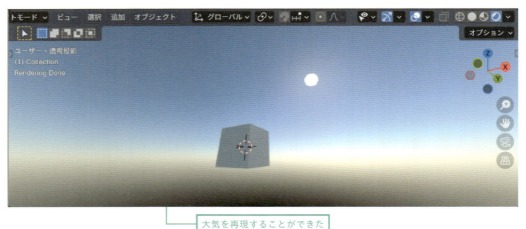

大気を再現することができた

作例集その1

ここまでシェーダーノードについて基本的なものを一通りご紹介してきましたが、まだまだ膨大な量のノードがあり、いきなり全てを覚えるのは大変です。ここからは、小さな作例を通してその都度必要になるノードについて扱いを説明する形でご紹介していきます。

海水

水の表現とその落ち影、位置による色の変化など複雑な要素が絡みます。

海水の作成

1. オブジェクトに海洋モディファイアーを付加し、[泡沫]にチェックを入れてその下の[データレイヤー]欄に適当な文字列(ここでは「bubble」としました)を入力します❶。

シェーダーノードの 入力>属性 ノードの[名前:]欄で今入力したデータレイヤー名(bubble)を入力すると、[カラー]ソケットから海の波によって発生する泡をシミュレートした結果がグレースケールの画像として出力されます❷。

カラー>カラーミックス ノードで、海のターコイズブルーにこの出力をスクリーン合成させると、海らしい模様を得ることができます❸。

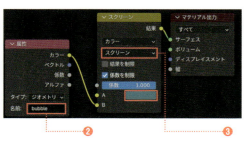
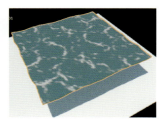

2 模様のノードと[マテリアル出力]ノードの間に シェーダー > グラス BSDF ノードを挟みます❶。

　水の屈折率は 1.3334（20℃の場合）なので、IOR の欄に 1.333 と入力すると水として正しい屈折で透過するようになります（図では屈折してる様子がわかりやすいよう土台をチェック柄にしていますが、実際にはこうする必要はありません）。

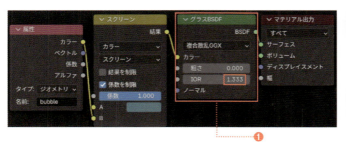
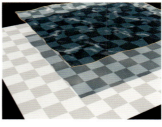

3 更に「コースティクス」機能を利用して美しい透過影を再現してみましょう。このコースティクス機能は Cycles のみに対応しているため、レンダーエンジンを Cycles に切り替えておく必要があります❶。

　コースティクスを設定する手順はまず、透過させたいオブジェクトを選択してプロパティの[オブジェクト]タブにある[コースティクス]パネル内の[シャドウコースティクス投影]にチェックを入れます❷。

　本来の影の影響が必要ない場合は、[レイの可視性]パネルの[影]チェックを OFF にしておくと、より綺麗なコースティクスを出すことができます❸。

✅ POINT

　グラス BSDF ノードは、プリンシプル BSDF ノードのデフォルト状態から、[伝播ウェイト]を1（100%）にしたのと全く同じ状態になります。プリンシプル BSDF ノードは、様々なシェーダーノードを一つにまとめたノードであり、グラス BSDF ノードはその中の[伝播]を担当する部分を独立に切り離した状態といえます。

4 次に、影を落とす土台の方のオブジェクトを選択し、今度は[シャドウコースティクス受信]の方にチェックを入れます❶。

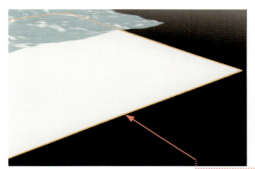
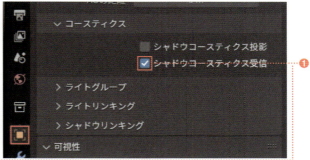

5 最後に、[ワールド]タブ内にある[設定]パネルの[シャドウコースティクス]にチェックを入れます。ワールドには[大気テクスチャ]等を使って光源を設定しておきましょう❶。

　このように、「影を投影させる透明オブジェクト」「影を受信する土台オブジェクト」「光源」の3つの設定を行うことでコースティクスを実現することができます（この3つはどういう順番でもかまいません）。

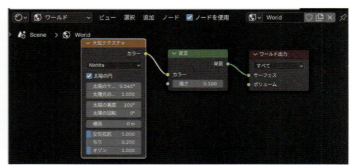

海水の作成②

さらに海らしくしていきます。土台に砂のような色を設定し、傾斜させて砂浜海岸のような状況を想定します。

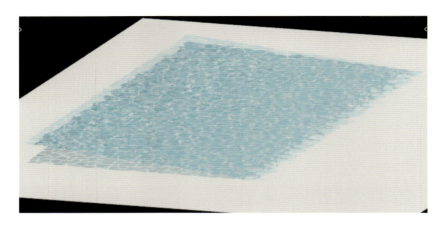

水の特性

　水というものは完全な無色透明ではなく、ごく僅かに青色を呈します。室内スケール（例えばコップの水等）では無色透明に見えますが、層の厚い海や北極の氷では、そのごく僅かな青が累積することで青い色を認識しやすくなります。
　層の薄い部分と厚い部分が混在する海岸のような状況では、無色透明に見える部分と濃い青に見える部分が混在することになります。
　更に、海は深いところでは光が届かなくなり、暗くなります。まとめると、海は「沖に行くほど彩度が高くなる」「沖に行くほど明度が低くなる」という特徴があると捉えることができます（海水の屈折率は正確には1.337～1.339程度ですがここではまとめて「水」とさせてください）。

● 作例集その1

層の厚さを反映させる

海の層の厚さを判定する方法はいくつかありますが、今回は単純に土台オブジェクトを傾けた方向のデータを取得してみます。一旦、[属性]ノード、[カラーミックス（スクリーン）]ノード、[グラスBSDF]ノードは脇にどけて、入力＞ジオメトリノード、コンバーター＞XYZ分離ノードを追加し、図のように[位置]ソケット、[X]ソケットを通して[マテリアル出力]ノードに繋げます（もし土台オブジェクトをX軸で回転させていた場合はここで[X]ではなく[Y]のソケットに繋ぎます）。

こうすることで単純に、浜の方（右）へ行くほど白、沖の方（左）へ行くほど黒というデータを取得しています。

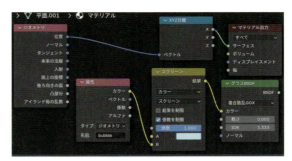

1. [カラー]＞[HSV（色相/彩度/明度）]ノードを追加し、[カラー]の欄で海の基本色となるシアンに近い色に設定しておきます❶。

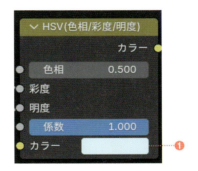

2. 先ほど取得した白黒グラデーションデータ（[X]ソケットから出たもの）をHSVノードの[彩度]と[明度]に繋げることにより、シアンを沖に向かうほど彩度を高く、明度を低くグラデーションさせます❶。

ただしそのまま直接繋いだのでは思った通りのグラデーションにはならないので、それぞれのリンクの間に[カラー]＞[RGBカーブ]ノードを繋ぎます。

[RGBカーブ]ノードは入力された値を中央のグラフを元にマッピングできる機能を持ちます。

グラフを操作して、海岸付近を白く明るく、沖の方を濃く暗くなるように調整します。

状況によってこのグラフをどう設定すれば丁度いいグラデーションが得られるかは変わってしま

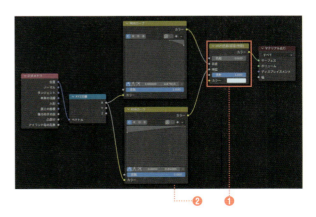

いますので、実際にグラフを操作してみてちょうどいい配色になるように調整してみてください❷。

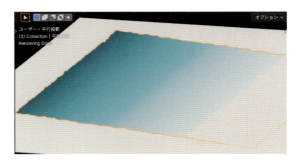

3. 美しい海のグラデーションを作ることができたら、先程脇にどかしていたノードを繋ぎ直せば、海の完成です❶。

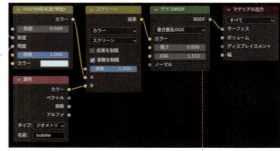

完成

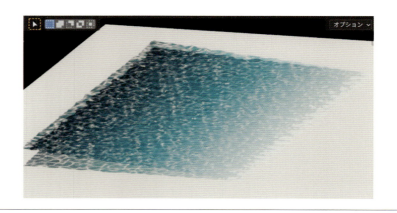

Memo

　この三枚は、どれも同じ屈折率で色だけ少し変えています。全く無色透明の真ん中に対して、右側は少し暗く、緑色に寄せて着色しています。それだけでよりガラスっぽく見え、なんだか少し重さまで感じるような気がします。左側はほんの少し青を混ぜることで、無色よりも綺麗な透明に見えます。

　もしかしたら人間は水をきれいなものと認識しているために少し青が混ざったほうがきれいに見えるのかもしれませんし、汚れ＝黄ばみと認識しているために黄色の反対の色である青をきれいと感じるのかもしれません。このように、日常では完全に透明だと思っているものでもほんの少し色を足すという工夫だけでもリアルさを増すことが出来ます。

ダイヤモンド

単純な水やガラスのような透過とは違い、複雑な光の経路を再現する必要があります。

ダイヤモンド（ブリリアントカット）のモデルの追加

1. ヘッダーメニューの［編集］＞［プリファレンス］から、［エクステンションを入手］セクションに移動して［オンラインアクセスを許可］を押します（インターネットアクセスが必要です）❶。

   検索窓に「extra mesh」と入力すると［EXtra Mesh Objects］を発見できるので、右の［インストール］を実行します。

2. ［EXtra Mesh Objects］を有効にすると、追加メニューのメッシュカテゴリに項目が追加されます❷。

   このうちの、［Diamonds］＞［Brilliant Diamond］を選択すると、ダイヤモンドが最も美しく輝く形状と言われるブリリアントカットのモデルを追加することができます。

グラスBSDFノード

このモデルに、シェーダーノードでグラスBSDFのマテリアルを作ります。この際にダイヤモンドの屈折率である2.417をIORに入力します。

水の1.333もそうですが、透明な物質にはそれぞれ固有の屈折率があります。透明なマテリアルを作成する際は、目当ての物質の屈折率をきちんとネット等で調べてIORに入力するようにしましょう。ガラスの1.5、水の1.333くらいは覚えてしまったほうが良いかもしれません。

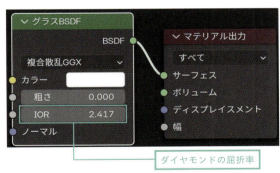

ダイヤモンドの屈折率

同じブリリアントカットの形状でも、右の屈折率1.5（ガラス）のものと、左の屈折率2.417（ダイヤ）のものでは明らかに見た目が異なることがわかると思います。ガラス製の方は背面まで透過

しているのに対して、ダイヤの方は鏡面反射のように輝いているように見えます。これは、フレネルの式によりダイヤの屈折率から計算して、下面が全反射するよう設計された形状がブリリアントカットであるためです。

※同一オブジェクト内での複数反射や屈折は Cycles のみが対応しているため、レンダーエンジンを Cycles に切り替えてください。

この写真では、手前側の真下に近い水面では水は透過し、お掘りの底面が見えています。それに対し、遠くの水面を見ていくと完全に鏡面反射してしまい、底面は全く確認することができません。このように、水面を見る角度によって反射率が変化する現象をフレネル反射といいます。

グラス BSDF ノードは、このフレネル反射の再現に対応しています。入力された屈折率（IOR）から計算し、正しい反射を返します。

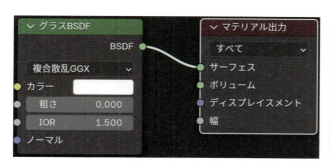

［入力］＞［フレネル］ノードは、フレネル反射の計算結果を単独で取り出すことができます。この白黒のグラデーションデータをもとに、グラス BSDF ノードでは反射を合成しているというわけです。

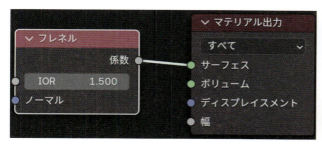

屈折 BSDF ノード

シェーダーカテゴリには、グラス BSDF の他にも屈折 BSDF という似たようなシェーダーノードが存在します。入力できるパラメーターは同じですが、屈折 BSDF の方はフレネル反射が除外されています。透明で且つ表面がなめらかな素材は、現実ではフレネル反射しないということはありえません。現実にあるノングレア加工は、表面を細かく凹凸（Blender で言えば［粗さ］を上げた状態）にされています。つまり、この屈折 BSDF は非現実的な材質を作るノードと言えます。そのため、現実的な質感を再現することを目的としているプリンシプル BSDF ノードではこの屈折 BSDF の状態を再現できません。

左がグラス BSDF、右が屈折 BSDF

屈折 BSDF は単純にグラス BSDF からフレネル反射を引いたものなので、シェーダーミックスノードを使用して、フレネルノードの係数をもとに屈折 BSDF に光沢 BSDF を合成すれば、同じものを再現することができます。

ダイヤモンドの構造

話を戻しますが、ダイヤモンドの美しさの秘訣はフレネル反射だけではありません。よくよく観察してみると、所々虹色のように光って見える部分があります。ジュエリー業界では、白いフレネル反射の方をシンチレーション、虹色の方をファイヤーと呼び、ダイヤの格付けに重要な要素だそうです。この二つはそれぞれ別の物理現象により発現しています。

人間に見えている白色の光は、可視光線のすべての波長が合成されて出来ています。光の波長によって屈折の度合いは違うため、屈折が起こると光は分散されて虹色に観察されます。

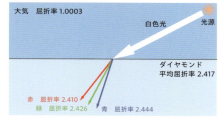

ダイヤモンドの制作

上記のことから、以前筆者は以下のようなノードを考案しました。

① グラス BSDF ノードを三つ追加し、それぞれのカラーを赤、緑、青にして屈折率をそれぞれの色のダイヤモンド中の屈折率である 2.410、2.426、2.444 にします❶。
　シェーダー > シェーダー加算ノードを二つ追加してそれら三つを単純に全て合成するように繋げます❷。
　本書出版前の段階では、ネット等を検索するとこの方法が多く拡散されてしまっていますが、これだけだと少し問題があります。

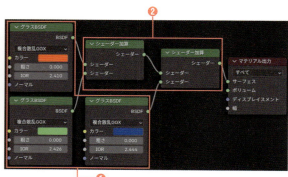

前述の通りダイヤモンドの輝きは表面の反射と屈折による内部反射に分けられますが、屈折では色の分散が起こるのに対して、表面の反射では分散は起こらずそのまま反射されます。グラス BSDF を重ねる方法だと表面反射の方まで分散されてしまい、ぼやけた印象になってしまいます。

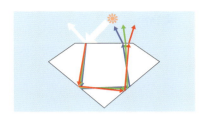

② そこで、フレネルノードを使って屈折 BSDF と光沢 BSDF を合成する方法を使います。三色の合成をグラス BSDF ではなく屈折 BSDF で行い、平均屈折率 2.417 のフレネル値をもとに光沢 BSDF をシェーダーミックスで合成します❶。

これならば物理的に完全に正しい…かと言えばまだ疑問の余地はありますが、グラス BSDF のみで作った場合よりも輝きが増し、かなり本物の見た目に近づいたのではないでしょうか。

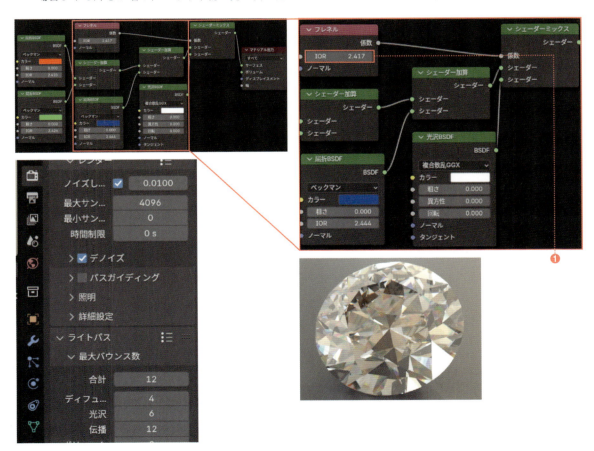

Memo
　更にここに、コンポジターによってグレアを足すことで、よく見るダイヤモンドの映像のようにきらびやかに加工することが出来ます。また、ダイヤモンドはたいてい小さいものです。小さいものを近づいて取ろうとすると、現実世界では被写界深度が浅くなります（つまり、少しピントがずれただけで大きくボケた映像になります）。ピンボケノードによってこれを再現すると、さらにリアルな結果を得ることが出来ます。

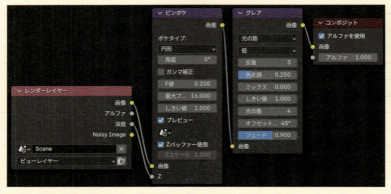

木目

　簡単な計算式を用いたプロシージャル生成で汎用性のあるテクスチャを作ります。

ベクトルの変更

　ボロノイテクスチャノード単体の場合と、そのベクトルソケットにテクスチャ座標ノードの［生成］を繋げた場合では、全く同じ結果になります。ではこの［生成］出力は何のために存在しているのでしょうか。

　その答えは、間に様々なノードを挟むことで［生成］出力の座標に変化を加えることが出来るためです。

試しに、ベクトル > マッピングノードを間に挟み、[位置：] の X、Y、Z 欄で左右マウスドラッグを行うと、3D ビューでボロノイテクスチャがそれぞれの軸で移動するさまを確認できます。これを利用して、テクスチャの位置を任意に指定したり、移動アニメーションをさせたりといったことが可能になります。

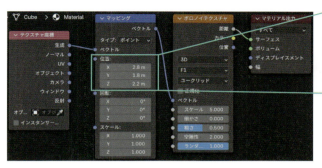
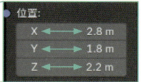
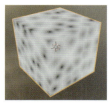

同じく、[回転：][スケール：] の値を操作すればテクスチャの角度、大きさを変更できますが、実際に操作してみるとその基点がオブジェクトの左下になっていることに気づくと思います。

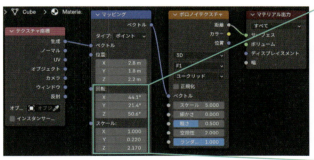
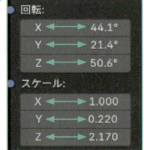
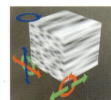

それに対して、座標を [オブジェクト] ソケットに切り替えて同じ操作を行うと、今度はオブジェクトの中心（原点）を基点に制御することができます。こちらの操作の方が直感的である上に、[生成] の方ではオブジェクトのメッシュの大きさによってスケールが変化してしまうのに対して、[オブジェクト] の方はメッシュではなくオブジェクトのトランスフォームを基準とするためにこちらのほうが都合がいい場面が多いかと思います。

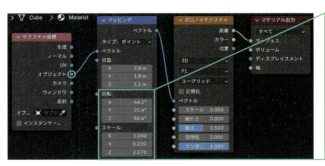
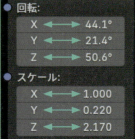

グラデーションの余剰計算

話は変わりますが、例えばこのようなグラデーションがあったとします。

本来 Blender ではこれは左から 0 〜 1 の明るさになりますが、ここでは仮に 0 〜 30 の整数を割り振ったとして、以下のような状態であると想像してください。

|0|1|2|3|4|5|6|7|8|9|10|11|12|13|14|15|16|17|18|19|20|21|22|23|24|25|26|27|28|29|30|

これに対して、すべての数値を 10 で割って、その余りを出すと以下のようになります。

|0|1|2|3|4|5|6|7|8|9|0|1|2|3|4|5|6|7|8|9|0|1|2|3|4|5|6|7|8|9|0|

それをグラデーション表示に戻すとこうなります。このように、グラデーションに対して剰余計算を行うだけで、細かく繰り返すグラデーションに変換することが出来ます。木目柄をこのしくみを利用して作ってみましょう。

木目の制作

1️⃣ マッピングノードの [スケール：] で、どれか一つの軸を小さくすることで一方向に引き伸ばされたようなテクスチャを得ることが出来ます❶。

ボロノイテクスチャノードの [細かさ] の値を上げ細かい歪みを加えることで、単純な球形ではなく歪んだ球形を散りばめたような状態に変化させることが出来ます❷。

あとはそこにコンバーター>数式ノードを追加し、プルダウンメニューから [剰余（切り捨て）] に切り替えて繋げ、その [値] を小さく調整することで年輪のような表現を得ます❸。

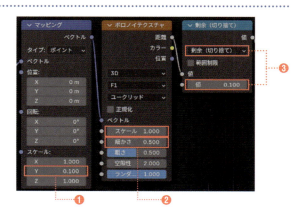

2 更にこれに色を加えるため、コンバーター>カラーランプノードを追加し、黒→白のグラデーションを濃い茶色→薄い茶色となるように色を変換します❶。

［＋］ボタンでカラーストップを追加し少し違う茶色を入力し左へ引き絞ることで、メリハリを強くする等 3D ビューで結果を見ながら調整してみてください。最後に、シェーダー>ディフューズ BSDF ノードを通して陰影をつけます❷。

このディフューズ BSDF ノードはプリンシプル BSDF から単純な拡散反射のみを取り出すものです。

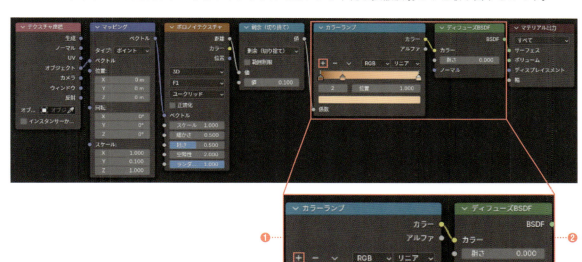

畳

ベクトルの操作及び法線の操作により、メッシュ形状の変更をしなくても表面の凹凸を再現することができます。

バンプノード

ベクトル > バンプノードを追加し、その [高さ] ソケットにテクスチャ系のグレースケール出力を接続、そして [ノーマル] 出力からシェーダー系ノードの [ノーマル] 入力に繋げると、そのグレースケールの値をそのまま高さとして法線が計算され、その高さを加味した陰影を得ることが出来ます。

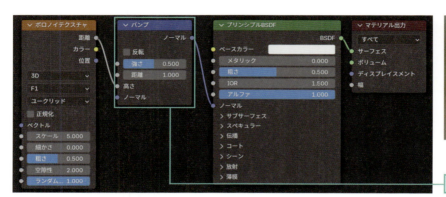

バンプノード

ノーマル

[ノーマル] とは XYZ 軸別に面がどちらを向いているかという情報を RGB で表現したデータで、直接出力ノードに繋げれば視覚的に確認可能です。

バンプノードの [ノーマル] 入力ソケットの方は、何も接続していなければそのオブジェクト本来の法線を入力していることとされるので、通常は何も接続する必要はありません。この [ノーマル] 入力と [高さ] によって計算された法線が合成されたものが [ノーマル] 出力ソケットから出力されています。人間が直接この法線の合成計算を行うのは非常に困難で、オブジェクト本来の法線方向へただ「高さ」を足すだけという人間にもわかりやすい形で制御できるこのバンプノードはたいへん優秀なものですが、その分動作は若干重いノードです。

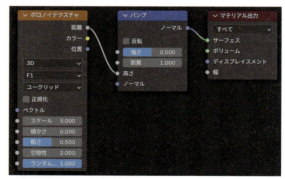

もちろん外部入力画像も高さマップとして使用できるので、他のソフトで描いた白黒画像等でも高さを制御することが出来ます。動作が重いと言っても、これほど詳細な溝を実際にメッシュの凹凸としてモデリングしようとするとかなり細かくメッシュを分割する必要があり、それよりは当然軽い処理で済みます。

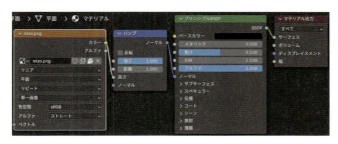

畳の制作

マッピングノードでY軸のみ縮めたボロノイで、[ランダムさ]ソケットに対してコンバーター > XYZ分離ノードを繋ぎ、YとZの値のみ少し数値を上げることで、この二軸に限定して模様にランダムさを与えることが出来ます❶。

これをバンプノードの[高さ]とし、ディフューズBSDFノードの[ノーマル]ソケットに繋げて[カラー]を若草色にするだけで、畳のようなマテリアルを作ることが出来ます❷。

実際に模様を書いているのではなく法線を制御しているだけなので、背景やランプオブジェクトを設置して陰影を確認する必要があります。

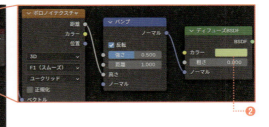
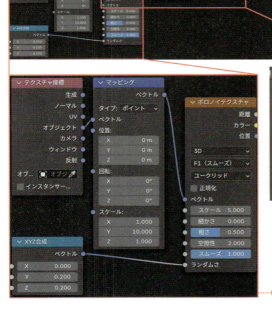
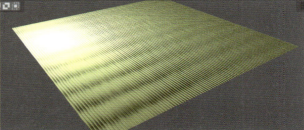

石混じりの土

マスクの概念を用いることで、複数の質感が入り乱れたマテリアルを作ることも可能です。

石混じりの土の制作

1️⃣ まずプリンシプルBSDF、バンプ、ノーズテクスチャを使用してランダムに凹凸のある土の質感を作ります❶。

ベースカラーはただ茶色くするだけでも良いのですが、ノイズテクスチャとカラーランプをつなぎ、カラーランプのグラデーションを濃い茶色から明るい茶色へと変更することでよりリアルな土らしさを表現します❷。

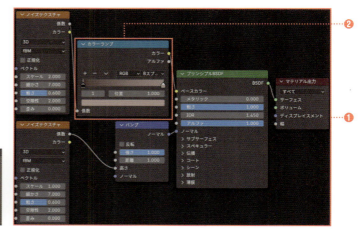

2️⃣ 石を表現するため、ボロノイテクスチャを利用します。ボロノイからコンバーター>数式ノードへ繋ぎ、これを[累乗]へ切替えて[指数]を2とします❶。

それをバンプの高さへ繋げ、ディフューズBSDFのノーマルへ繋げます❷。

このように累乗2を挟むことにより、丸みを帯びた凹凸を得ることができます（何故そうなるかは後述）。ボロノイの母点を中心に凸にしたいので、バンプノードの[反転]にチェックを入れておきます❸。

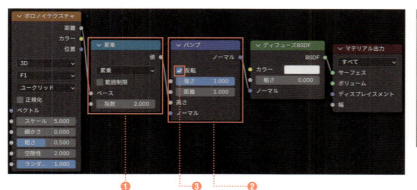

■ 作例集その1

3 更に石のゴツゴツした質感を出すため、累乗ノードの後ろに［加算］の数式ノードをはさみ、ひとつめのボロノイよりも細かいノイズテクスチャを繋ぎます❶。

それぞれの石で多少の色の違いは有ったほうが良いので、ボロノイのカラーソケットから HSV ノードの明度ソケットへ繋ぎ、そのカラー出力をディフューズ BSDF ノードのカラーへ繋ぎます❷。

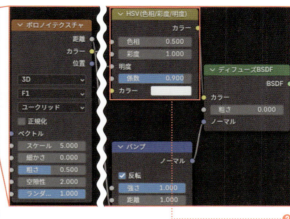

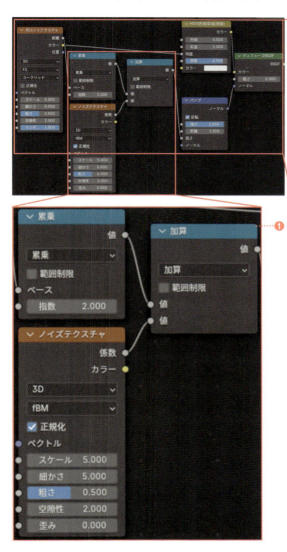

4️⃣ そのままではぎっちりと岩が敷き詰められた石垣のようになってしまうので、石同士の間隔が空くようにマスクを作成します。先程のものとは別のボロノイテクスチャを追加し、その［距離］ソケットから［数式］ノードの［小さい］へ変更したものに繋いでみてください❶。

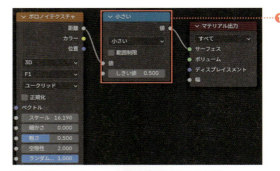

　すると、ボロノイの白黒のグラデーションのうち、デフォルトの0.5の値よりも小さい領域が白い丸で表示されます。これをマスクノードとして利用したいのですが、白い丸同士が重ね合わさっているような部分があるのは都合がよくありません。

5️⃣ そこで、このボロノイテクスチャノードを Shift + D で複製し、［F1］となっているプルダウンメニューから［N球面半径］へ変更したものを［小さい］ノードの［しきい値］の方へ繋ぎます❶。

　こうすることで、重なりのない水玉模様を得ることができます。この際、この2つのボロノイノードのスケール等のパラメーターは一致している必要があります。

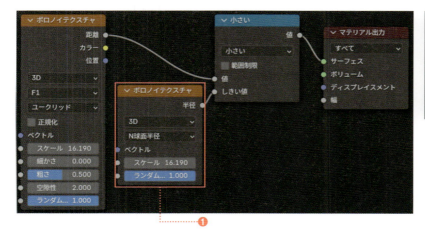

118

6 更に、ただの水玉模様では石らしくないので、ノイズテクスチャによりこれを歪ませます。[テクスチャ座標] ノードの [オブジェクト] から [マッピング] ノードの [ベクトル] へ繋ぎ、その [スケール] へ [ノイズテクスチャ] の [カラー] を繋ぐことで、ノイズに則って座標のスケールを変え歪みを作り出します❶。

そのマッピングの [ベクトル] を先程の両ボロノイのベクトル入力に繋ぎ、散りばめられた石のシルエットとなるようにノイズテクスチャのパラメーターを調整してみてください❷。

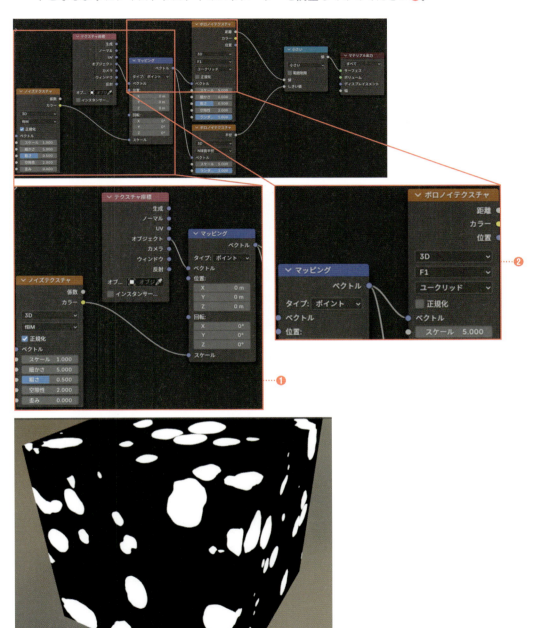

7 ここまでのことを踏まえて、改めて土のシェーダーとの合成を行います。最初に作った土のシェーダーノードは全部まとめて Ctrl + G でグループ化し、「土」という名前のノードグループとしています❶。

　[シェーダーミックス] ノードの上側の [シェーダー] ソケットにこの「土」ノードを繋ぎ、下側には先程作った石垣のノード群の出力を繋ぎます❷。

　その石垣で使用している [ボロノイテクスチャ] ノードをそのまま流用して、その [距離] ソケットから [小さい] ノードの [値] へ繋ぎ、下の [しきい値] にはパラメーターを同じくしてタイプのみ [N 球面半径] へ変更したボロノイを接続します❸。

　その出力を [シェーダーミックス] ノードの [係数] ソケットへ繋げば、土の上に水玉模様に石が配置されたような質感が出来上がります❹。

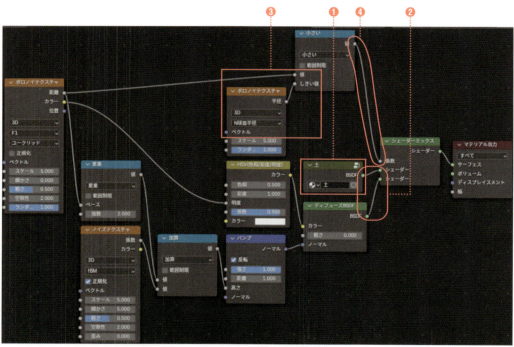

■ 作例集その1

[8] 先ほどと同じように、この両ボロノイの[ベクトル]ソケットにノイズテクスチャによる歪ませの仕掛けを加えると、だいぶ本物の地面のようになってきました❶。

　ただ、このままだと土と石の境界がくっきりとしすぎていて、浮いている感じが少しします。通常、石の周囲の地面は少しめり込んでいたり、石が作る影によって暗くなっています。なので更に、石に近い土ほど暗くなるという仕掛けを作ってみましょう。

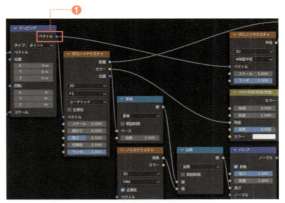

[9] 石のマスクを作っている1つ目のボロノイを直接出力につなげると、石の中心へ向かって黒くなっていく模様が得られます❶。

　この出力に対して[カラー反転]ノードを繋いで、[係数]ソケットの方には[小さい]からの出力、つまり石の形のマスクを繋げることで、石の周辺が一番色が暗く、その外側や石の中心に向かって色が明るくなっていく画像を得ることができます❷。

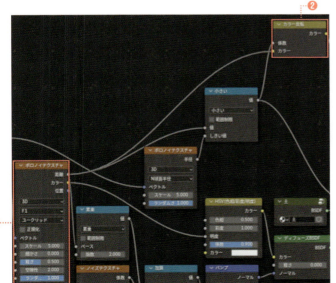

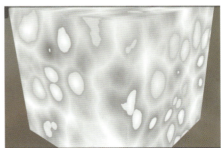

[10] 更に［シェーダーミックス］ノードを追加して、今得たグラデーションを［係数］ソケットに繋いで下側の［シェーダー］ソケットに先ほど制作した石と土の出力を繋げれば、石の周囲だけを暗く表示させることができ自然になじませることができます❶。

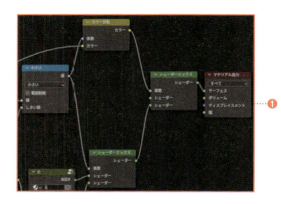

オパール

ノードグループを利用して、オパールのような虹色の光沢を再現してみます。

オパールの制作

[1] まず［ノイズテクスチャ］ノードと［バンプ］ノードで作ったノーマルマップを［プリンシプルBSDF］の［伝播ウエイト］、［粗さ］、［メタリック］を調節したものの［ノーマル］ソケットに繋ぎ、歪みのある屈折素材を作ります。これを、まとめて Ctrl ＋ G キーでグループ化してしまいましょう❶。

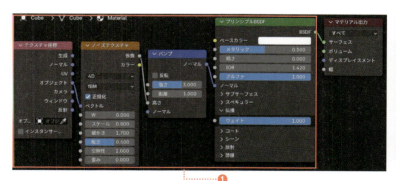

2️⃣ グループ化したノードを Tab キーで開き、[プリンシプル BSDF]の[ベースカラー]ソケットからリンクを伸ばし、[グループ入力]ノードの空の出力ソケットに繋ぎます❶。

更に、[ノイズテクスチャ]の[寸法]プルダウンを[4D]にしていた場合に現れる[W]ソケットも[グループ入力]ノードの空の出力ソケットに繋ぎます❷。

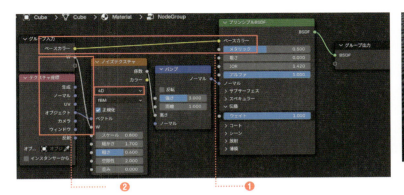 

3️⃣ Ctrl + Tab キーでグループの外に出て、このノードグループを Shift + D キーで三つへ複製し、それぞれの[ベースカラー]を赤、緑、青へ変更、[シェーダー加算]ノードを二つ追加してノードグループを全て合成するように繋ぎます❶。

それぞれの[W]の値の調整によってノイズの様子を色ごとに違う形へ変化させることで、オパールのような虹色を再現することができます❷。

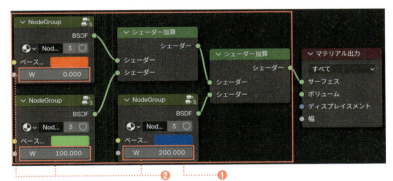 

4 ノードグループ内で［プリンシプル BSDF］によって屈折素材を作っていた場所に、代わりに［光沢 BSDF］を繋ぐと、ホログラムのような質感を得ます❶（プリンシプル BSDF のままでもパラメーターの調節で可能です）。

このような見え方は「遊色」と表現されますが、今回作成した方法はあくまで簡易的な再現であり、物理的な正しさは全く保証できません。

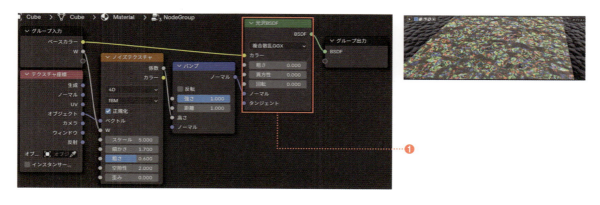

POINT

このように、複製されたノードグループの中身はどれも同じ状態を保つため、中身の状態を変化させてもその変更を共有させることができます。また、［グループ入力］ノードによって"表に出した"パラメーターだけは別の数値や色を入力できるという特徴を活かして、このように一部だけはそれぞれ別の入力を使用しながら殆どの数値は共有させ、変更や修正を容易にさせるという使い方ができます。共有されているノードグループでは名前の右に数字が表示され、いくつ共有されているかがわかるようになっています。この数字ボタンを押すことで共有を解除し、独立した新規のノードグループへ切り分けることができます。

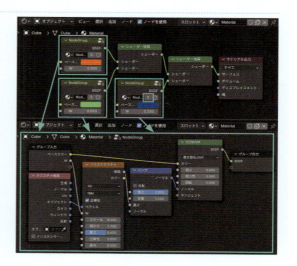

光ディスク

光ディスクをよく観察してみると、異方性反射と虹色で構成されていることがわかります（データが書き込まれている部分とそれ以外で「粗さ」が異なるように見えますが、今回はこの部分は割愛します）。

光ディスクの制作

1. Cyclesであれば割と簡単で、［光沢BSDF］の［異方性］を1に上げたものを三つ用意し、これまでのように［シェーダー加算］で合成してそれぞれのカラーを赤緑青に、［回転］の値をそれぞれちょっとずつずらすように設定します❶。

   ［粗さ］の値は三つとも同じにしておきます❷。

   光沢に出てしまう粒子感を消したい場合はレンダー設定の［ノイズしきい値］のチェックを外し、サンプル数をかなり上げておきます❸（相応に動作は重くなります）。

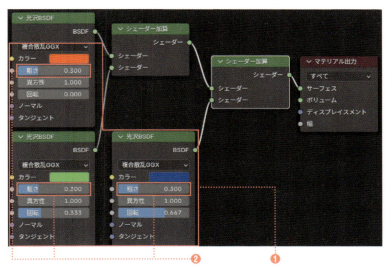

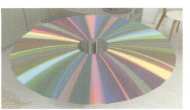

2 では、それをEEVEEで再現するにはどうすればいいでしょうか。[異方性]パラメーターはCyclesにしか対応していないので、擬似的に再現する必要があります。まずは円形のメッシュにグラデーションテクスチャ（球状）を[オブジェクト]座標で設定して、中心に行くほど白い円盤を作成します❶。

3 この球状グラデーションを[バンプ]ノードを介して[光沢BSDF]の[ノーマル]に繋ぎます❶。

　こうすることで高さ1の円錐（図の右側❷）に映り込む反射像と同じ状態を平面のままの円盤に再現していることになります❸。

　[バンプ]ノードの[反転]にチェックを入れた場合は、図の手前側の円錐が下へ凹んでいる状態を再現していることになります❹。

　光ディスクの反射の仕方をよく観察していると、この円錐状の反射を平面へ投影した状態によく似ているように見えます。しかしさらによく観察すると、円錐状では一方向にのみ放射状の明るい部分が作られるのに対して、光ディスクは中心を点対称とした二方向へ明るい筋が作られます。まるで円錐の上方向への凸と下方向への凹の反射が合成されているようです❺。

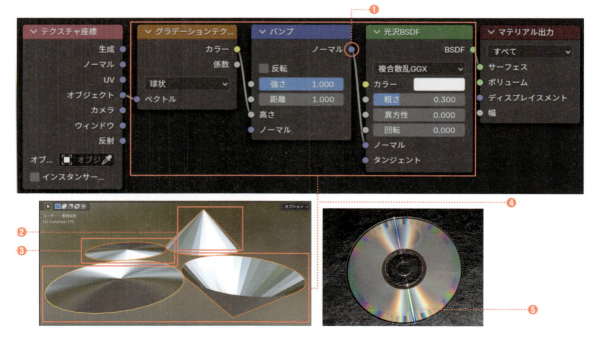

4 そこで、［シェーダー加算］ノードを利用してこの両者を合成するようにノードを組めば再現が可能ではないかと考えました。［バンプ］ノードの［反転］のチェックの有無以外は全て同じノード同士を［シェーダー加算］ノードで合成します❶。

すると、思った通りかなり光ディスクに近い状態を作ることができました❷。

ただしこれだけでは「虹色」の要素がまだなので、ここまでのノードをすべて選択して Ctrl + G でグループ化しておきます❸。

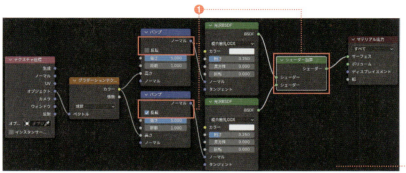

5 そのグループ内で、異方性の回転に相当するパラメーターを作るために、ベクトル>ベクトル回転ノードを追加し、［バンプ］ノードと［光沢 BSDF］ノードの間にそれぞれ挟みます❶。

ここでは Z 軸での回転のみが必要なので［タイプ：］を［Z 軸］に変更し、［光沢 BSDF］ノードの［カラー］と［ベクトル回転］ノードの［角度］のソケットを［グループ入力］ノードの両者同じソケットに接続します❷。

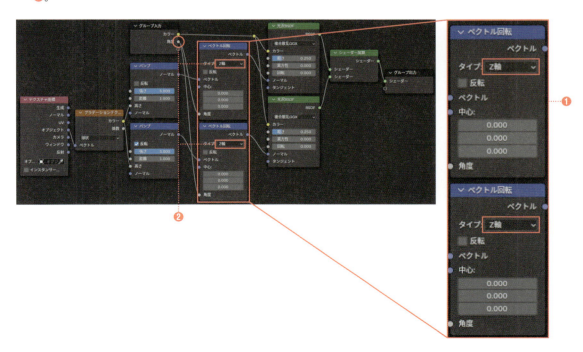

6 あとはやはりこれまでと同じように、グループの外側に出て三つに複製し、［カラー］と［角度］をずらして［シェーダー加算］で合成して完成です❶。

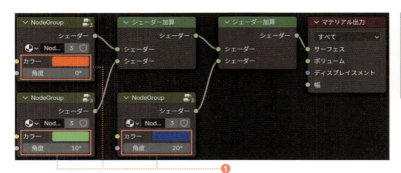

Memo

［グラデーションテクスチャ］の代わりに、［ランダムさ］を0にした［ボロノイテクスチャ］をバンプの高さに使用すると、光ディスクを並べて敷き詰めたような俗に言う"キラカード"のような状態を作ることができます。

Blender で数学のススメ

　この節では、一旦作例のご紹介を中断して Blender のノードで扱う数学について慣れ親しんでいただこうと思います。数学と聞いて尻込みしてしまう方もいらっしゃるかもしれませんがご安心ください。

$y = 2x + 3$

のような式では図1のように斜めの直線のグラフになり、

$y = x^2 - 4x - 5$

のように x に二乗が付くような式では図2のようになんとなくU字型のグラフになったなぁ　程度のことを覚えていれば十分です。

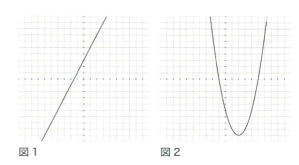

図1　　　　　　　　　図2

数式ノード

　コンバーター＞数式 ノードを追加して、プルダウンメニューを見るとこのように大量の演算が用意されていることがわかります。＋－×÷の四則演算はもちろんのこと、√や三角関数、さらに見たことがないものまで含まれているかと思います。これらを駆使すれば、ノード上でかなり複雑な計算も可能となります。

関数	比較	丸め	三角関数	変換
加算	最小	丸め	サイン	ラジアンへ
減算	最大	床	コサイン	度へ
乗算	小さい	天井	タンジェント	
除算	大きい	切り捨て		
積和算	符号	小数部	アークサイン	
	比較	剰余（切り捨て）	アークコサイン	
累乗	Smooth Minimum	剰余（床）	アークタンジェント	
Log	Smooth Maximum	Wrap	アークタンジェント2	
平方根		スナップ	双曲線サイン	
逆平方根		ピンポン	双曲線コサイン	
絶対値			双曲線タンジェント	
指数				

関数の作成

まずは Blender 上で関数グラフを作ってみましょう。[テクスチャ座標] ノード、コンバーター > [XYZ 分離] ノード、[数式] ノードを [小さい] に切替えたものを追加し、ソケットの [オブジェクト] - [ベクトル]、[X] - [値]、[Y] - [しきい値] と繋ぎます。

すると、左下から右上にかけての斜めの境界線で分かれた白黒の画像が出力されます。これは、数式で言うと x = y のグラフを境界線で表していることになります。[XYZ 分離] ノードから出ている X、Y のソケットがそのまま x、y の意味となり、[小さい] ノードはこの場合イコール（=）の意味となります。

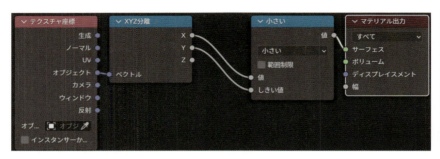

試しに、先程提示した式

y = 2x + 3

を再現してみましょう。x に 2 を乗算して、その後 3 を加算しているので、[数式] ノードを複製して [乗算] に切替えたものの片方のソケットに x を繋ぎ、もう片方を 2 とすることで 2x が作られます。更に [数式] ノードを複製し、こちらは [加算] に切替え片方のソケットに先程の 2x の出力を繋ぎ、もう片方を 3 として 3 を加算することで、最終的に 2x + 3 の値となります。これをイコールの意味になる [小さい] の片方に繋ぎ、もう片方に [y] を繋ぐことで y = 2x + 3 が完成しました。

さらにもう一方の

$y = x^2 - 4x - 5$

も再現してみます。[数式] ノードを [累乗] の [指数] 2 とすることで、二乗の意味になります。加算や乗算と違って累乗や減算はソケットの「上から下へ」計算しているので、順番に気をつけてください。x を二乗したものと x に -4 を乗算したものを [加算] で繋ぐことで x^2-4x となり、更に [減算] ノードで 5 を引くことで x^2-4x-5 が完成します。

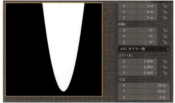

> **Memo**
> 当然ですが、「[加算]-5」としても「[減算]5」と同じ意味になります。どちらを使用しても構いません。

関数による図形の作成

　式を自在に組めるということは、もちろん既存の方程式も再現できるということになります。円を描く方程式として有名な（ご存じなかったとしてもネットを検索すればすぐに出てきます）

$x^2 + y^2 = 1$

も、これまでの操作を踏まえれば、このように簡単に再現することができます（[小さい] の [しきい値] を 1 とした場合、円の半径は 1 となりそれ以上の大きさのメッシュでなければ円の全体像が見えないため、メッシュは編集モードで一辺の長さを 1 以上にしておく必要があります）。

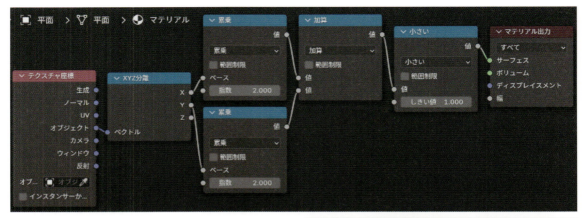

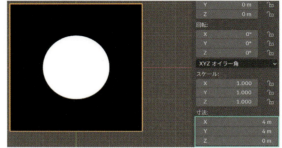

y = sinX

のノードを組めば、このようにサイン波を得ることができます。

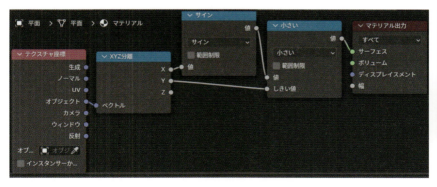

■ Blenderで数学のススメ

ハートの作成

では、もう少し複雑なものにも挑戦してみましょう。世には「ハートの方程式」なる、ハート形を再現する式が存在します。検索すると色々出てくるのですが、今回は

$(x^2 + y^2 - 1)^3 - x^2 \times y^3 = 0$

をノードで作ってみましょう。数学には＋よりも×の方を先に計算する、括弧の中身の方を先に計算するといった順番のルールがあります。その順番を意識して順番が先になるものを先にノードに通すのがコツです。また、ノードは一度計算したものは再利用できるという利点があります。例えば「x^2」は二箇所に出てきますので、［累乗］ノードの［指数］2、［ベース］xのものはわざわざ二個用意する必要はなく、その出力ソケットから二本リンクを伸ばすだけで済んでしまいます。

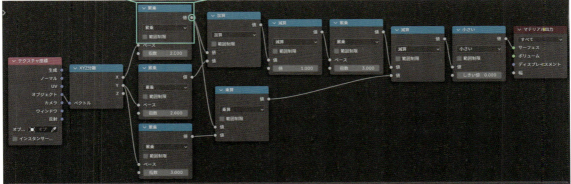

更にZ軸も使用することで、立体的なハートも再現することができます。

$(x^2 + y^2 + \left(\frac{(9z^2)}{4}\right) - 1) = y^3 \left(\frac{x^2 + (9z^2)}{80}\right)$

133

今度は立体なので、最後は[マテリアル出力]ノードの[ボリューム]のソケットに繋ぎます。レンダー設定の[ボリューム]パネルにある[解像度]で表示をきめ細かくすることが出来ます（相応に重くなります）。

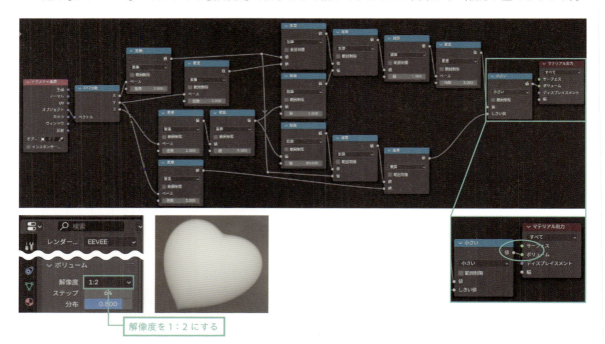

解像度を1:2にする

また、（筆者が考えうる限りで）最も少ないノード数で立体ハートを作るには、このような作り方も可能です。コンバーター>ベクトル演算 ノードを二つ追加し、それぞれ[乗算]、[長さ]へ切替えます。[テクスチャ座標]ノードの[オブジェクト]を[長さ]ノードに繋げると、オブジェクトの中心からの長さを出力します。視覚的には、オブジェクトの中心から外側へ向かって球状にグラデーションが濃くなっていくイメージです。それを[小さい]ノードへ繋げれば、[しきい値]以下の半径の球を得ることが出来ます。

更に、ベクトル演算の[乗算]を使いZ軸のみ値を上げることでZ軸に潰れた球状を得て、それを[絶対値]ノードを使って得たX方向に山形の値を元にY方向へ移動させることで、潰れた球状をハート型のように形作っています。いきなり難易度の高いことをやってしまっているので、ここでは完全に理解しなくても大丈夫です。

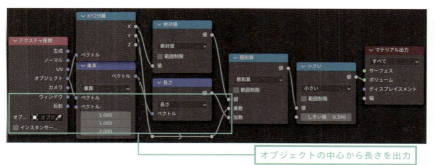

オブジェクトの中心から長さを出力

Blenderで数学のススメ

Memo

　［ベクトル演算］ノードとは、その正体は［数式］ノードを三つ重ね合わせたものと理解するとわかりやすいかと思います。例えばベクトル演算の［加算］であれば、ベクトルデータを［XYZ分離］ノードで分離させた後にXYZそれぞれを［数式］ノードで加算し、[XYZ合成]ノードで再び一つのベクトルデータへ合成するのと同じことを一つのノードで出来てしまいます。

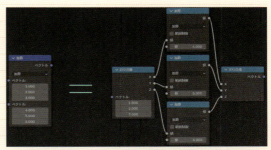

　また、［絶対値］は、数値からマイナス（−）の符号を取る演算を行います。つまり、-3、-2、-1、0、1、2、3という数列があったとしたら、3、2、1、0、1、2、3と返します。そのため、グラフでは0を頂点としたV字のような直線が得られるという特徴があります。

　V字のように尖った数値に対して二乗すると先が丸くなるという法則を覚えておくと、P116のようなケースで役に立ちます。

ダイヤの作成

ハートを作ったので、次はダイヤを作ってみましょう。[数式]ノードを[絶対値]と[積和算]に変えたものを図のように繋ぎます。xを[絶対値]にすることでV字型にし、[積和算]の[乗数]を-1.5にすることで細めの山形へ変形、[加数]を1とすることでその山を上へスライド、更にyの方も[絶対値]とすることでy = 0を中心に上下鏡像にさせダイヤ型を作っています。最後は[小さい]ではなく[大きい]とすることで、黒地に白のダイヤにすることが出来ます。

> **Memo**
> [積和算]は、単純に乗算と加算が一緒になっているノードです。なぜそんなものがわざわざ用意されているかというと、[乗算][和算]の二つのノードを使うよりもこの一つで処理してしまったほうが計算が早く、誤差も少なく抑えられるからです(なぜそうなるかについては専門的すぎるので割愛しますが、興味がある方は「積和演算」で検索してみてください)。なので、「掛けた後足す(引く)」という計算が必要になった場合、極力この[積和算]の方を使うようにすることをおすすめします。これは1/√xである[逆平方根]も同様です。

■ Blenderで数学のススメ

スペードの作成

ハート、ダイヤと来たのでやはりスペードも作っておきましょう。今回は図形を見て、どんな考え方でノードを組んでいけばいいか順を追って説明していきます。

スペードをじっくり見ていると、上部の葉（？）の部分は、まるでハートをひっくり返したような形に見えてきます。ちょうど先程ハートは作ったばかりなので、それをそのまま流用してしまいましょう。ハートを作ったノードとの違いはただ一点、[XYZ分離]ノードから出たYの直後に[積和算]ノードを挟んでいるのみです。これの[乗数]を-1とすることで縦方向に反転させ、[加数]を0.4として少し上へ持ち上げています。

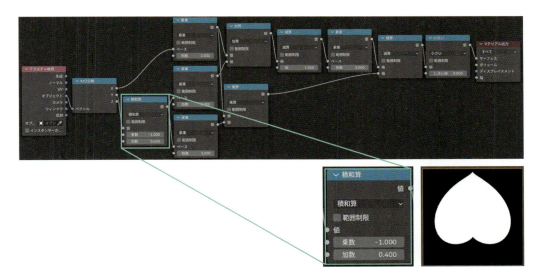

さて、葉（？）の方は簡単にできましたが、幹（？）の方は少し難しそうです。個々人のアイディア次第で如何様にも作り方はあると思いますが、私は幹の側面が「双曲線」に似ているなと感じました。一旦、逆さハートを作ったノード群とは別に双曲線のみを作るノードを用意してみます。[XYZ分離]のXを[除算]の下の方に繋ぐことで

$y = a/x$

137

という式になり、これは双曲線を作ることが出来ます。今回は a を 0.16 とし、最後は [大きい] に繋げることで白い部分を幹に見立てます。

[XYZ 分離] から出た直後の x に [絶対値] を挟むことで左右対象にすることができます。少し高さを調整するため、y の方に [加算] を挟んで数値を増やします。あとは、この画像に対して赤枠で示しているようなマスクさえ作れば良さそうです。

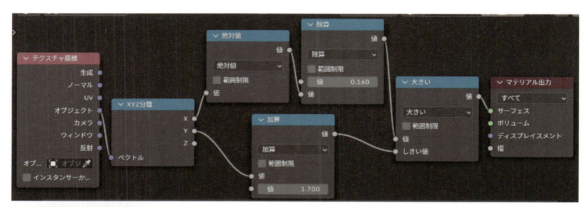

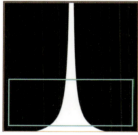

数式ノードを [比較] に切替えたものは、[値] の数値を中心として、[イプシロン] で指定した数値の範囲を 1 として返し、それ以外の部分を 0 と返します。これ [XYZ 分離] の Y に使用すれば、縦方向に範囲を限定したマスクを得ることが出来ます。

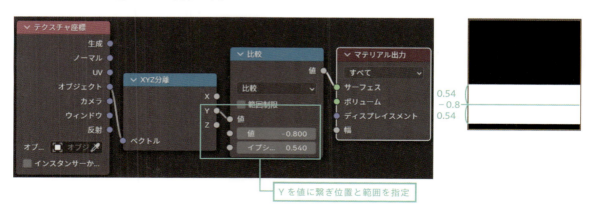

Blender で数学のススメ

あとは、双曲線を作ったノードに対してこのY軸の[比較]ノードを乗算すれば、両者とも白い部分のみを抜き出すことが出来ます。乗算と加算はなるべく積和算にまとめてしまったほうが良いので、図では組み方を工夫して無理やり積和算を使う繋ぎ方にしています。

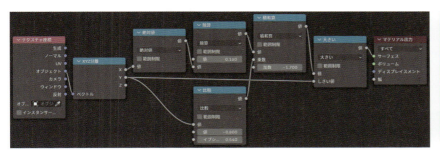

最後に、葉（？）と幹（？）を乗算で合成してしまえば完了です。青枠で囲ってある部分が葉（？）、緑枠で囲ってある部分が幹（？）を構成しているノードで、この両者の出力を[乗算]ノードで繋いでいます。

ただし、乗算は互いに白い部分のみを残すという効果を持つので両者とも黒地に白で描画してしまっているままでは上手くいきません。両者の最後にある[大きい][小さい]を逆に切り替えることで白地に黒の状態にしたうえで乗算し、最後に[積和算]ノードで[乗数]-1、[加数]1とすることで再び反転させ、黒地に白へ戻しています。

いきなりこの全ノードを見せられたらとても複雑に感じてしまうかもしれませんが、このように部分ごとに順を追って見ていくと、意外と単純なものの組み合わせで出来ていることが分かるのではないでしょうか。

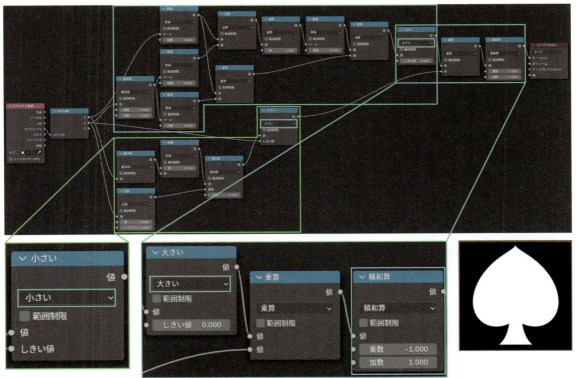

数式アート

　このように、数式だけでも工夫次第で様々な絵を作ることが出来ます。こういった遊びは「数式アート」とか「関数グラフアート」等と呼ばれ、検索してみると様々な作例を見ることが出来ます。
　数式として成立しているということは、それらは全てそのまま Blender のノードで再現することが出来ます。3D ソフトである Blender でわざわざこのような面倒な作り方の 2D のアートを作る方法をご紹介したのは、何も遊びや酔狂でというわけではなく、この後にご説明する様々な要素に事あるごとに関わってくる「数学」について慣れ親しんでいただくために、目に見えて数学がどういう働きをしているかを確認しながら制作できるこの数式アートが適していると考えたためです。

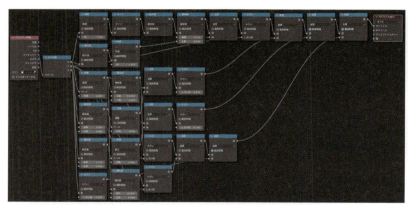

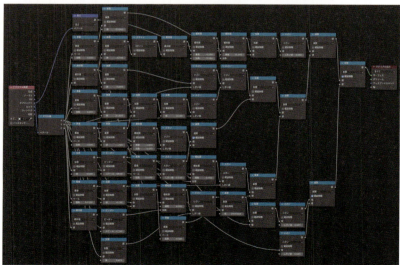

座標変換

[テクスチャ座標]ノードの[オブジェクト]から出力される「座標」は、素直に左右方向にまっすぐX軸、奥行き方向に真っ直ぐY軸という「直交座標系」と呼ばれる形式となっています。

「座標」とは、あるものの位置を示すための軸と数値の組み合わせで成り立ち、これは互いに直行する三つの直線の軸で表される「直交座標系」以外にも様々な表現が考えられます。

極座標系

その中でも特に、半径と角度で表される「極座標系」は3DCGでは特に様々な場面で必要となります。にもかかわらず、シェーダーノードにはこの「極座標系」を扱うノードは標準では用意されていないので（バージョン4.3時点）、自分で作ってしまいましょう。数学書を調べたり、インターネットを検索すれば直交座標系から極座標系への変換式はすぐに見つかると思います。

円座標

まず円座標への変換は

$$r = \sqrt{x^2 + y^2}$$
$$\theta = \mathrm{sgn}(y)\arccos\left(x/\sqrt{x^2 + y^2}\right)$$

となります。ここでrは半径、θは角度を表し、sgnは符号関数、arccosはアークコサインを意味します。「$\sqrt{x^2 + y^2}$」という部分は二度登場するので、これは再利用が可能です。符号関数（数式ノードでは[符号]）もアークコサインも数式ノードのプルダウンメニューの中に存在するので、もし意味がわからなくとも、これをそのまま使ってしまえばノードを組むことはそう難しくありません。

最後に[XYZ合成]ノードを追加し、rの出力に相当するものをXに、θの出力に相当するものをYに接続し、Zは直交座標のZをそのまま使うために最初の[XYZ分離]のZを直接つなぎます。こうすることでXはrに、Yはθに、ZはZに変換されたことになります。

これを[レンガテクスチャ]等の[ベクトル]に繋いで出力を確認してみてください。見事テクスチャが円形に表示されていれば成功です。このように、シェーダーノードで数式が組めること、検索すれば座標変換式が簡単に見つかることを知っていれば、自在にテクスチャを変形させることが出来ます。

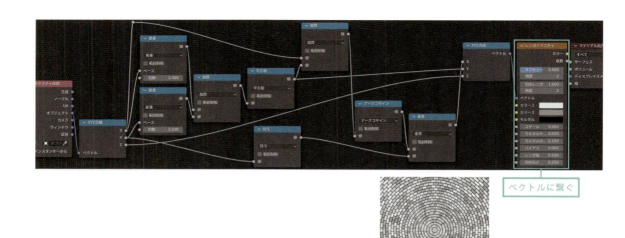

ベクトルに繋ぐ

円柱座標

円柱座標への変換も円座標と同じですが、最後の[XYZ合成]ノードへの接続だけ、YとZが逆になります。

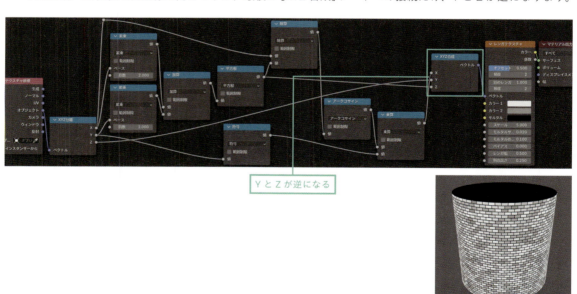

YとZが逆になる

■ 座標変換

球座標

球座標への変換は少し複雑で、

$$r = \sqrt{x^2 + y^2 + z^2}$$
$$\theta = \arccos\left(\frac{z}{\sqrt{x^2 + y^2 + z^2}}\right)$$
$$\phi = \mathrm{sgn}(y)\arccos\left(\frac{x}{\sqrt{x^2 + y^2}}\right)$$

となり、θは縦方向の角度（地球で言う緯度）、φは横方向の角度（経度）の意味になります。「$\sqrt{x^2 + y^2 + z^2}$」は二回登場し、「$x^2 + y^2$」は更にもう一回登場するので、これらは再利用しています。最後の [XYZ合成] ノードでは、r の出力を Z へ、θ の出力を Y へ、φ の出力を X へ繋げます。

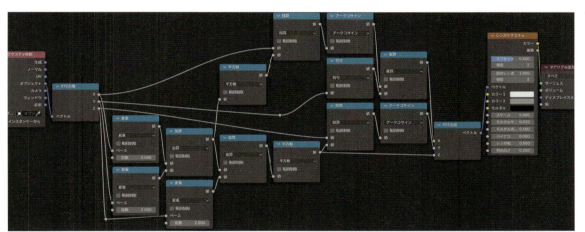

Memo

最後の[XYZ合成]ノードの後に[マッピング]ノードを挟めば、θ方向やφ方向での移動やサイズ変更が可能になります。また、レンガテクスチャのような2Dにしか広がりを持たないテクスチャではなく、ボロノイやノイズテクスチャのような三軸の広がりを持つテクスチャでは、r方向へのトランスフォームも可能となります。おまけとして、

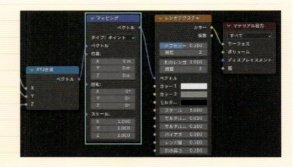

$$\tau = \frac{\sinh(y)}{\cosh(y) - \cos(x)}$$

$$\sigma = \frac{\sin(x)}{\cosh(y) - \cos(x)}$$

で双極座標を作ることが出来ます（使い道は思いつきませんが）。

また、外部画像テクスチャであれば、[投影方法]プルダウンメニューから、球と円柱（チューブ）の座標で貼り付けることができるようになっています。

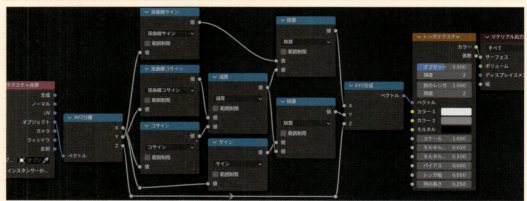

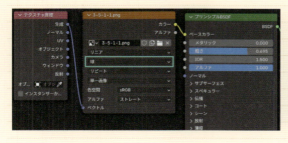

144

無限平面

座標変換の応用として、[ワールド]シェーディングで[オブジェクト]座標を[除算]（ベクトル演算）ノードに繋ぎ、下側には[オブジェクト座標]のZのみを繋ぐことで無限遠の床（&天井）を作ることが出来ます。天井と床で別々のテクスチャを使うには、[カラーミックス]ノードの[係数]にZの[符号]ノードを通したものを繋ぎます。この際、[符号]ノードの[範囲制限]か、[カラーミックス]ノードの[係数を制限]にチェックを入れておきます。

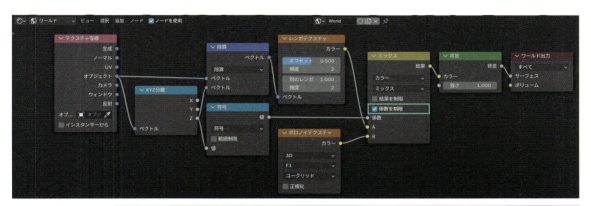

作例集その2

数式の扱いを少し理解したところで、これを利用したもう少し高度な作例をご紹介します。

炎

1 まずはグラデーション状の円を作成します。円を作る式である

$$1x^2 + 1y^2$$

のノードを組みます❶。

なぜわざわざ1を掛けるノードを付けているかと言うと、この値を操作することで円の縦・横の長さを自在に変化させるためです。

2 続いて、この円をしずく型に変形させるため、Y軸方向に長く伸ばします。中心から上半分のみを伸ばしたいので、コンバーター＞ミックス ノードを追加し、[係数] ソケットにYの [符号]（[範囲制限にチェック]）を繋いで上側はY [乗算] 1を繋ぎ、下側はY [乗算] 0.3を繋いで [累乗] へ繋ぎます❶。

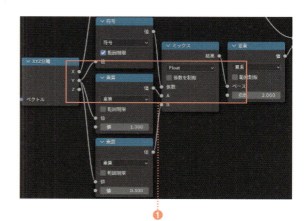

■ 作例集その 2

3 そして［テクスチャ座標］ノード以外を選択して Ctrl + G キーでグループ化してしまいましょう❶。

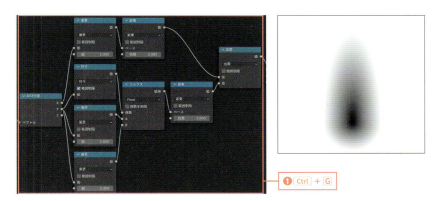

4 このしずく型に対してノイズテクスチャにより炎らしい歪みを与えます。［カラーミックス］ノードを追加してこのノードグループと［テクスチャ座標］ノードの間にはさみ、同じく［テクスチャ座標］ノードの［オブジェクト］座標をベクトルとした［ノイズテクスチャ］の［カラー］を［カラーミックス］の B 側へ繋ぐと、ノイズを元にしてしずく型の形が歪められます❶。

　ここからは好みの問題なのですが、［カラーミックス］を［除算］に切替え［係数］を 0.3 に、［ノイズテクスチャ］の［細かさ］を 1 にして［歪み］を 1 にするとだいぶそれらしくなります（［歪み］を加えることは特に重要かもしれません）❷。

　更に［ノイズテクスチャ］のベクトル入力に［積和算］（ベクトル演算）を挟み、［乗数］の Y のみ小さくすると縦に細長くなり、炎らしさが増します❸。

　ただしそれだけだと、ただ上へスライドしている感が出てしまうため、Z 軸にも弱めにアニメーションを付けると良い感じにランダムさを加えることが出来ます。

　［積和算］の［加数］の Y にキーフレームを打ち、数値が減っていくようにアニメーションさせると、歪みの元になるノイズが上へスライドしていくため、まるで炎が揺らいでいるかのような動きを作るとが出来ます❹。

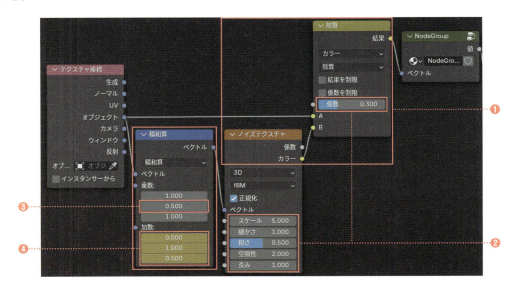

[5] あとはその白黒の画像を炎らしいオレンジ色にするため、[シェーダーミックス]の[係数]に繋ぎ、[シェーダー]入力の下側には[透過BSDF]を、上側には[放射]ノードを繋ぎます❶。

　[放射]の[カラー]は色相をオレンジ色にしておき、[明度]を通常なら上限1のところを、数値の直接入力で 10 にしてしまいます❷。

　カラー > カラー反転 ノードを追加し、しずく型の白黒画像を反転させ[放射]の[強さ]に繋ぎます❸。

　こうすることでしずく型の中心ほど放射が強く、[明度]の飽和が効果的に作用します。

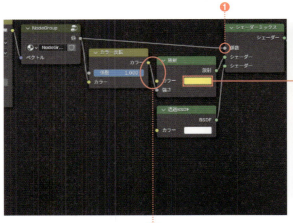

[6] ただ2D上に炎を再現するだけならここ完了なのですが、更に3D空間上でも使えるものにするには追加のノードが必要です。しずく型を作っていたノードグループの中で、更に

$$+ 1Z^2$$

を足すようにノードを追加します❶。

　これにより奥行方向にも球状にグラデーションが作られ、メッシュの編集モードで板メッシュを複製＆回転を繰り返し、上から見て * のような形になるよう構成します（そのままではグローバル空間中では横に寝た形になってしまうので、先にオブジェクトモードでX軸回転させておきます）。

　この板の枚数は多ければ多いほどどの角度から見ても綺麗に見えますが、相応に重くなります❷。

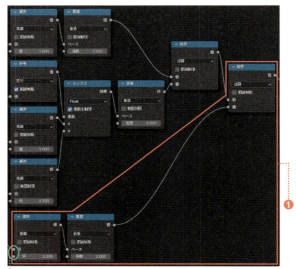

←至Z

148

■作例集その2

7 炎をアニメーションさせていた［積和算］の［加数］の部分で、Z軸に対してアニメーションさることでランダムさを出していましたが、3D上で表示させる場合は奥行方向へ移動させているだけということがバレてしまうので都合がよくありません。代わりに、［ノイズテクスチャ］の［寸法］プルダウンメニューを［4D］に切替え、出現する［W］の値に対してキーフレームを打ちアニメーションさせます❶。

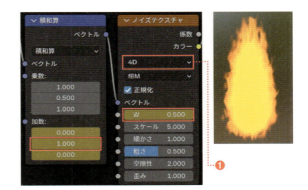

✅ POINT

Blenderは3Dソフトではありますが、実は4次元空間も扱うことが出来ます。それが、このWの値です。XYZ軸に加え、W軸を動かすことでテクスチャがどう変化するのか、言葉では表しづらいので実際に図のような構成でそれぞれの軸を動かしてみて、テクスチャがどう変化するのか観察してみてください。テクスチャのランダムシードの代わりとして使えるものと考えておくと良いかもしれません。ただし、3Dテクスチャに比べてかなり計算負荷が上がるので、必要無い場合は4Dには切替えないでおきましょう。

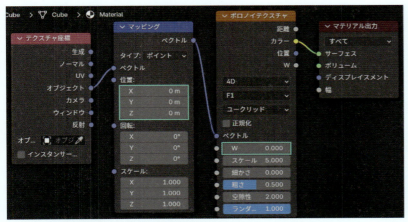

8 出来上がった炎オブジェクトを Alt + D で複製
していけば、簡単に大量の炎を設置することが出
来ます❶。
　しかし、複製したものは全く同じ揺らぎ方をし
てしまうので、明らかに複製したことがバレてし
まいます。

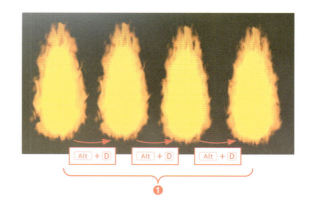

9 そこで、更にもうひと工夫追加しておきましょう。入力＞オブジェクト情報 ノードを追加します❶。
　この［ランダム］出力は、オブジェクトごとに別々のランダムな値を出力してくれます。これを利用し、
［積和算］を通して［乗数］を大きな値にしてオブジェクトごとのランダムさを大きく引き離し、［加数］への
アニメーションで時間軸方向のランダムさも追加します。

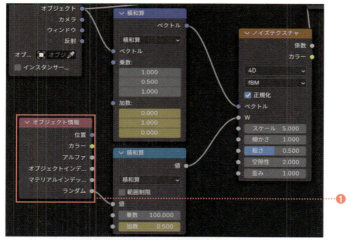

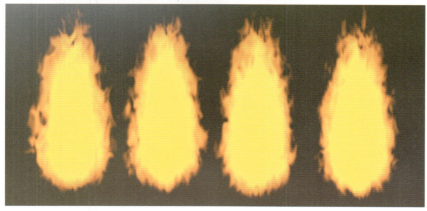

水

　非常に簡単にではありますが、水の流れについても同様にZ軸方向へのアニメーションでランダムさを演出することが出来ます。［押し出し］や［深度］で厚みを付けたカーブオブジェクトには、自動的にUVマップが作られます❶。

　便利なことに、このUVマップはカーブの軸方向をX、円周方向をY、半径方向をZと定義してくれるため、カーブに沿ったテクスチャ加工が容易です。［テクスチャ座標］ノードの［UV］出力を［積和算］の［乗数］で細長く加工し、［加数］へのアニメーションで流れるような動きを付けることが出来ます❷。

フィルター

　画像処理ソフトでよく目にするフィルター処理もシェーダーノードで再現することが可能です。まずは何でも良いので、フィルターを掛ける対象となる画像を用意してください。ただし簡単のため、アスペクト比は 1:1 のものとしてください。それを テクスチャ > 画像テクスチャ ノードで読み込み、[テクスチャ座標] ノードの [生成] をベクトルとします。

エンボス

1. 立体的に浮き上がっているように見えるエンボスフィルターは様々なソフトで見かけるものですが、その仕組みは実はとても簡単で、色を反転させた画像を少し位置をずらして重ねているだけなのだそうです。
シェーダーノードで再現するならば、[画像テクスチャ] ノードを複製して片方を [カラー反転] で反転させ、片方のベクトルを少しずらして [カラーミックス] ノードで [係数] 0.5 で合成すればいいだけです❶。
　ただしこのベクトルを少しずらす作業はエンボスの性質上、X軸とY軸でではなく角度と距離で指定します。

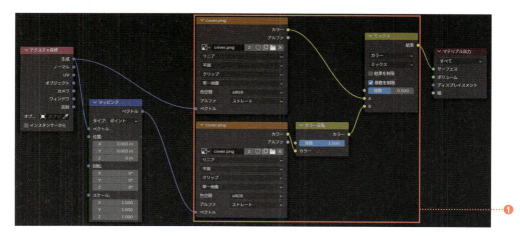

■ フィルター

2 [数式] ノードを二つ用意してそれぞれ [サイン] [コサイン] へ変更、[XYZ 合成] ノードを追加してそれぞれ X、Y に繋ぎます❶。

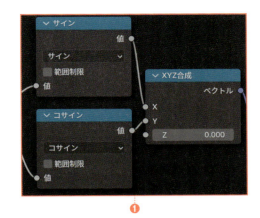

3 [ベクトル演算] ノードを追加して [スケール] へ変更し繋いだものを、反転画像をズラすのに使っていた [マッピング] ノードの [位置] へ繋ぎます❶。

　[サイン] と [コサイン] は値を一致させる必要があるので、入力 > 値 ノードを追加し、これを [サイン] [コサイン] 両方の [値] へ繋げます❷。

　こうすることで、[値] ノードの数値を動かすことで角度を、[スケール] ノードの [スケール] を動かすことでズラす距離を指定できるようになります。

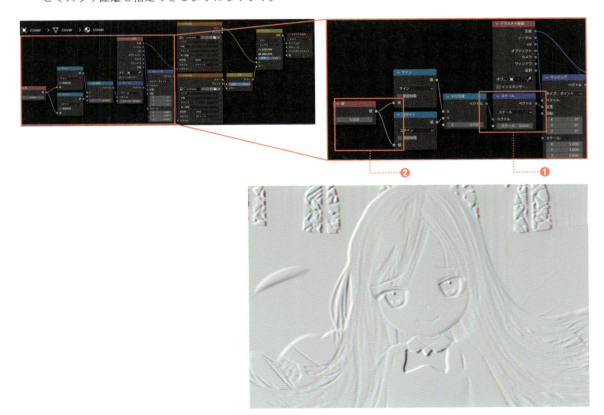

Memo
［スケール］ノードは、［乗算］（ベクトル演算）の下側のベクトル3軸を一つにまとめたものです。

4 更に高度な仕掛けを施してみましょう。［スケール］ノードはベクトル演算の乗算にあたるもので、［マッピング］ノードの［位置］は実はベクトル演算の［加算］と同じ働きをしています。つまり、ここのノードの流れは乗算→加算と繋がっているので、積和算に置き換えることが出来ます。［ベクトル演算］ノードを追加して［積和算］に切替え、［テクスチャ座標］の［生成］を［積和算］の［加数］へ繋ぎます❶。

その出力はズラす方の［画像テクスチャ］の［ベクトル］へ繋げ、［積和算］の［ベクトル］入力に［XYZ合成］の出力を繋げます❷。

［乗数］には、新たに［数式］ノードを追加して［除算］に切替え繋ぎます。［除算］の下側の値を大きく（1000 等）して置くことで、上側の値をマウスで左右スライドして調整する際に微調整しやすくなると同時に、三つのベクトルを一箇所で一度に済ませることが出来ます❸。

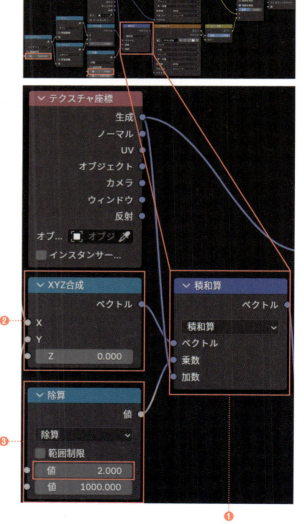

• フィルター

6 更に、[値]ノードを繋げていた場所には新たに[数式]ノードを追加して[ラジアンへ]へ切替え繋げることで、ここに直接角度（°）を入力することが出来、直感的に操作することが出来るようになります❶。

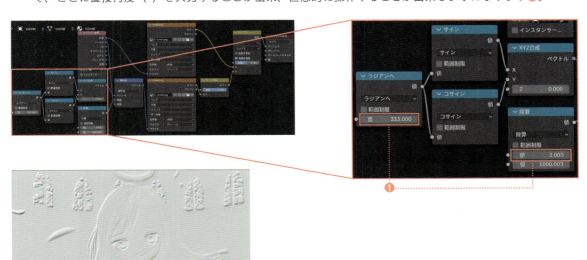

油絵

1 画像テクスチャの座標を、ノイズテクスチャを元にしてズラせば、油絵のような表現を作ることが出来ます。負荷低減を考慮し、今度は最初から[積和算]を使ってしまいましょう。[テクスチャ座標]の[生成]出力を[積和算]（ベクトル演算）の[和数]へ繋いで[ベクトル]出力を[画像テクスチャ]のベクトルへ繋ぎます❶。

[積和算]のベクトル入力の方に[ノイズテクスチャ]の[カラー]を繋ぎますが、この際間に[減算]（ベクトル演算）を繋いで全軸を 0.5 としておきます❷。

これをやらないと、[生成]ベクトルに対して加算を行うと画像全体が右上にずれていくように見えてしまいます。

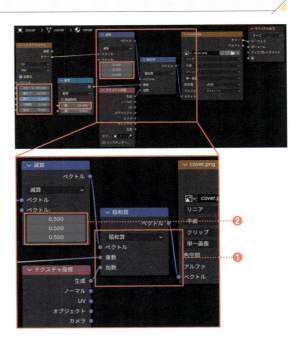

2️⃣ この時点で［積和算］の［乗数］の方でどの程度ズラすかの強さを制御出来ますが、前回と同じく制御しやすくするように［乗算］（数式ノード）を接続して下の方の値を 0.001 等の小さな値にして、上の値の増減でズラし具合を制御します❶。

　［除算］1000 と［乗算］0.001 は同じ意味になりますが、基本的にプログラムにおいては乗算に比べて除算は処理速度が遅くなります。

　Blender の実装がどうなっているのかは正直わかりませんが、実用上の手間が同じであれば除算は避けておくに越したことはありません。あとは、［ノイズテクスチャ］のパラメーターを色々弄ってみて、油絵らしくなるよう調整してみてください。

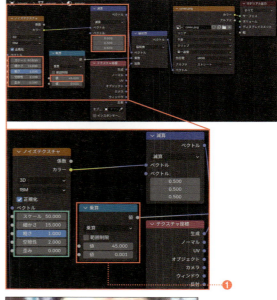

モザイク処理

1️⃣ ［ベクトル演算］ノードを［スナップ］に切り替えると、連続的に変化するベクトル数値に対して［増分］で設定した数値を基に階段状に繰り上がる丸め処理を行う機能を持ちます。

　これを座標に対して演算した結果をテクスチャのベクトルに渡すと、まるでモザイク処理のような効果を出すことが出来ます❶。

　これもやはり少しの［増分］変化で敏感に反応してしまうので、［乗算］0.001 を接続して調節しやすいようにしておきます❷。

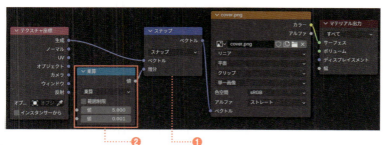

■ フィルター

2 ただしこれも、数値を上げることで画像が右上にずれていってしまう現象が発生するため、画像全体を[増分]の1/2左下へずらすカウンターを当てます。これは[積和算]（ベクトル演算）ひとつで済ますことが出来、[スナップ]出力を[加数]へ、[乗算]出力を[ベクトル]へ繋ぎ、[乗数]は全て0.5に設定します❶。

部分的なモザイク処理

1 更に、マスクの考え方を導入すれば、指定した一箇所のみをモザイク処理することも可能です。オブジェクトモードで適当な位置にエンプティを追加し、シェーダーエディターに戻って[テクスチャ座標]ノードを新たに追加し、[オブジェクト:]の欄で今追加したエンプティオブジェクトを指定します❶。

欄をクリックして一覧から選択するか、またはスポイトアイコンを押した後に3Dビューポート上でエンプティをクリックすることでも入力できます。

2 この[オブジェクト]出力を新たに[グラデーションテクスチャ]（球状）ノードを追加してその[ベクトル]に接続します。その出力を、新たに[数式]（大きい）ノードを追加してその[値]に繋ぐと、[しきい値]の大きさでエンプティオブジェクトを中心とした円状のマスクを作成することが出来ます❶。

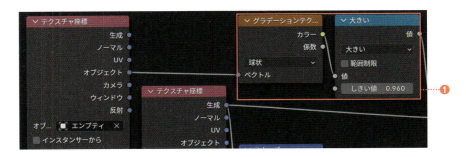

3 後は[カラーミックス]ノードを追加し、[係数]に今作成したマスク、[A]に最初に追加した方の[テクスチャ座標]の[生成]出力を直接つなぎ、[B]の方にモザイク処理用座標を接続します❶。

　[カラーミックス]ノードの出力を[画像テクスチャ]のベクトルとすれば、3Dビューポート上でエンプティを動かしてモザイク処理位置を自由に動かすことが出来ます❷。

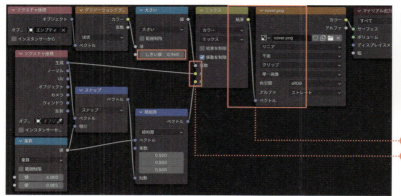

ハーフトーン（網点）

　漫画等で、色の濃さを敷き詰められた点の密度で表現することで、白と黒の二色しか使えない状況でもグラデーションを表現できる手法をハーフトーン（網点）といいます。シェーダーノードでこのハーフトーンを再現してみましょう。一つ前の、モザイク処理の手法の応用になります。

1 ほとんどが、モザイク処理を作ったときのノードそのままを流用します（赤枠で囲った部分）❶。

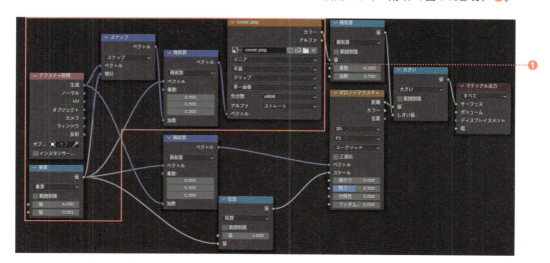

■ フィルター

❷ 新たに[ボロノイテクスチャ]を追加して、座標を一致させるために[テクスチャ座標]の[生成]を繋ぎ、こちらでも右上スライド予防の[積和算][乗数]0.5を通す処置を行ってベクトルへ繋ぎます❶。

その基準となる[ベクトル]入力にはモザイク処理用ノードの基準となっている[乗算]出力を繋ぎ、更に[ボロノイ]の[スケール]入力にこの[乗算出力]の逆数、つまり[除算]ノードで1/aとしたものを繋ぎます。そして[ボロノイ]の[ランダムさ]を0にすると、ボロノイによって敷き詰められた円が、モザイク処理のマスと完全に一致します❷。

各モザイク処理マスの明るさを基にしてボロノイの各円の大きさを決定するために、[画像テクスチャ]出力を[大きい]ノードの[しきい値]とし、ボロノイの出力を[値]に接続します。ただしこれだけだと画像の明るさに対して円のサイズが反対のものになってしまうため、サイズの調節機能も兼ねて[しきい値]の前に[積和算]ノードを挟みます❸。

この[乗算]をマイナスの値にした上で、[乗数][加数]ともに上下させることで画像の明るさ、コントラストを操作し円の大きさが上手くハーフトーンのようになるよう調節します❹。

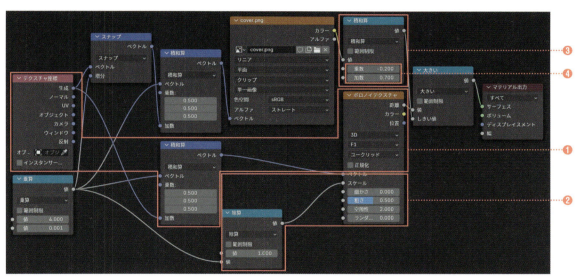

4️⃣ ただしこれだと、敷き詰められた円が縦横に並んでしまいます。本物のハーフトーンは大概斜めに並んでいるので、それに合わせて回転を加えます。

　まず一番の座標の大元である［テクスチャ座標］ノードの［生成］出力直後に［マッピング］ノードを挟み［回転］のZを45°回転させると、単純に出力結果全体が45°傾きます。入力画像は元の正立に戻したいので、［画像テクスチャ］ノードの直前に［マッピング］ノードを挟み、［回転］のZを-45°とします❶。

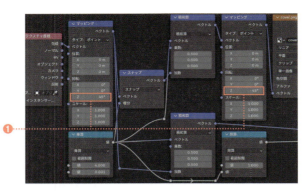
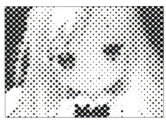

カラーモニター

　PCモニターやスマホの画面を顕微鏡で覗いてみると、赤緑青の光の集合ですべての色が表現されていることがわかります。これはハーフトーンと似たような概念で、赤緑青それぞれの明度をハーフトーン化し重ね合わせているようなものです。せっかくハーフトーンを作ったのですし、こちらも再現してみましょう。

1️⃣ ハーフトーンを作っていたノードに、［カラー分離］を追加して［画像テクスチャ］ノード直後に挟みます❶。
　それより右側二つのノードをまとめてグループ化し、そのグループと［カラー分離］、［テクスチャ座標］以外の全てもグループ化してしまいます❷。

160

■ フィルター

2 後者のノードグループの中で、最初の[マッピング]ノードの[位置]ソケットを[グループ入力]ノードの空きソケットへ引っ張り、グループ入力を増やします❶。

3 ノードグループの外へ出ると、二つのノードグループとその間に挟まる[カラー分離]ノードで構成されているので、この三つをまとめて選択して Shift + Ctrl + D で二つ複製します❶。

　この複製コマンドは普通の複製と違い、入力側のリンクのつながりを維持したまま複製してくれます。それぞれの[カラー分離]ノードの接続を赤、緑、青とバラバラに繋ぎ直します❷。

　そしてそれぞれの最終出力を[カラー合成]ノードで[赤][緑][青]に繋ぎます❸（この両者は色を一致させます）。

　あとはノードグループの[位置]をそれぞれ少しずつズラせば、カラーモニターのような表現を出力してくれます❹。

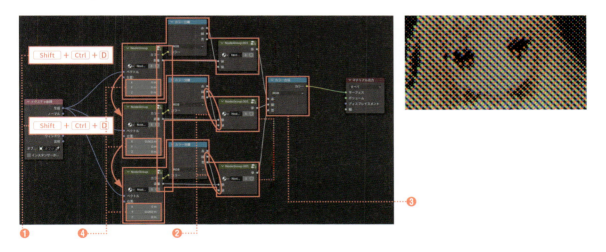

カラー印刷

　カラーディスプレイの表示は、黒いモニターに対して光の三原色によって色を表現し、三色全てがMAXで白となります。カラー印刷では反対に、白い紙に対して色を減退させていかなければならないため色の三原色によって表現し、三色全てがMAXで（理想的には）黒となります。

　そのため、印刷ではモニターと違い、RGB（赤緑青）ではなくCMY（シアンマゼンタイエロー）

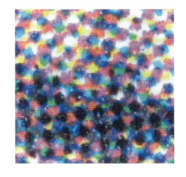

を使用します。ただし現実的にはくっきりとした黒を出すことが難しいため、さらに黒（キーカラー）を追加してCMYKで表現するのが一般的です。

そして色をズラして重ねた際に干渉縞（モアレ）が出てしまうのを最小限に抑えるため、それぞれの色が違う角度で重ねられています。また、網点の形状は前回は丸で作成しましたが、今回は四角で作成してみましょう。

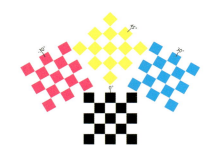

1 カラーモニターを作ったノードをそのまま流用します。メインの方のノードグループ内で新たに［ラジアンへ］（数式ノード）を追加して［グループ入力］の空ソケットへ繋ぎます❶。

ノードでは基本的に角度はラジアンで扱われるため、この度（°）からラジアンへの変換を行う［ラジアンへ］ノードを挟んでおくことで、直感的に度（°）で角度を入力することができるようになります。

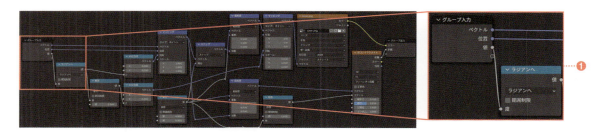

2 回転はZ軸に対して行うため、［XYZ合成］ノードを追加して［Z］へ繋ぎ最初の方の［マッピング］ノードの［回転］へ繋ぎます❶。

回転に対してカウンターを当てた方の［マッピング］ノードには逆の回転を掛けなければいけないため、［乗算］-1を通してから同じように繋げます❷。

逆に、このノードグループの［位置］入力は必要なくなるので、サイドバー（Nキー）の［グループソケット］パネル内で、［位置］を選択して右の［-］ボタンで消去してしまいましょう❸。

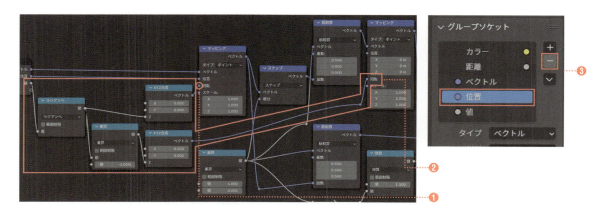

■ フィルター

[3] また、[ボロノイテクスチャ]ノードの[距離の計量]プルダウンメニューを[マンハッタン距離]にすることでドットを四角形に出来ます❶。

[4] ノードグループの外に出て、[カラー合成]ノードは削除し、赤色担当のブロックの出力を[カラーミックス]ノードの[減算]にしたものの[係数]に繋ぎ、[A]を白色（紙の色）そして[B]を赤色に設定します❶。
　次に緑色担当のブロックでも同じように設定し、[A]の側は赤色での[カラーミックス]結果を接続し…という繰り返しを青色にも施し、CMYKのKを担当させるためのブロックも追加します❷。
　こちらは[カラー分離]の代わりに[乗算]（数式ノード）を接続し、その下側の[値]で黒の濃さを調節します❸。
　最後に接続する[減算]（カラーミックス）ノードの下側の[B]は白色を設定します❹。

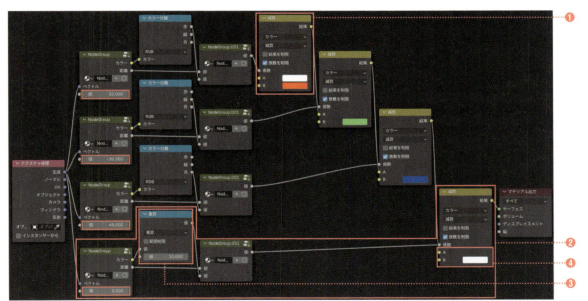

Memo
　こちらはCMYKで表現するはずだったのになぜ[カラーミックス]ノードには赤緑青、そして白を設定するのか不思議に思われるかもしれませんが、これは[減算]を使用していることに関係します。シアンマゼンタイエローは、それぞれ赤緑青との補色の関係にあります。そのため、白から赤を減算すればシアンに、緑を減算すればマゼンタに、青を減算すればイエローに、そしてもちろん白を減算すれば黒になります。それぞれ何色が補色関係となるかは、カラーホイールの対角線上の反対側と覚えておくと便利です。

色域選択

　入力した画像の中から、指定した色の範囲を選択する（マスク化する）ノードを作ることが出来ます。

1 [画像テクスチャ]の出力を[カラー分離]ノードに接続し、[比較]（数式ノード）を三つ追加して赤緑青それぞれを[比較]の上側の[値]に繋げます❶。
　[カラー分離]ノードをもう一つ追加し、入力には何も繋げないまま赤緑青は同じように三つの[比較]ノードの下側の[値]にそれぞれ繋げます❷。
　許容値を表す[イプシロン]は、三つとも同じ値であってほしいので、[値]ノードを追加して全ての[イプシロン]入力をこれに繋ぎます❸。
　あとは、[乗算]（数式ノード）二つで、三つの[比較]ノード出力全ての乗算して完了です❹。

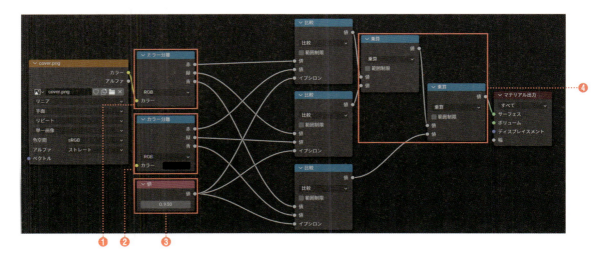

2 二つ目の[カラー分離]ノードの[カラー]で指定した色の範囲を、[値]ノードで入力した許容値に従って白色で出力します。これを利用すれば、コンポジターで行ったキーイングに近いようなことが可能になります。最後に、扱いやすくするために[画像テクスチャ]以外の全てを選択して Ctrl + G キーでグループ化してしまいましょう❶。

■ フィルター

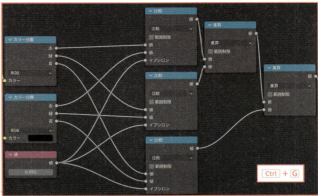

3 グループ内で、二つ目の[カラー分離]ノードの入力と、三つの[比較]ノードの[イプシロン]を直接[グループ入力]の空ソケットに繋ぎ、[値]ノードは要らなくなるので削除してしまいます❶。

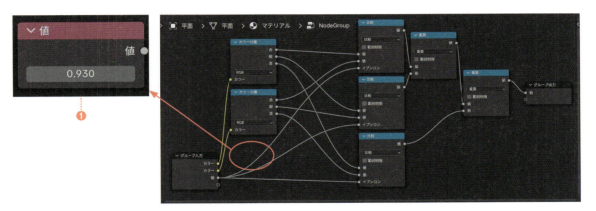

4 サイドバー（Nキー）の[グループ]タブの[グループソケット]パネルの一番上の欄では、このノードグループの入力ソケットと出力ソケットがまとめて一覧にされています。一覧の各項目でダブルクリックすれば、項目名を変更することができるのでわかり易い名前に変更してしまうことができます❶。

5 ノードグループの表に出て、このノードの中央にある名前欄クリックで、このノードの名前を変更することが出来ます。このように、シェーダーノードにはデフォルトで色域選択ノードが無くとも、自分でいつでも再利用できる色域選択ノードを作ってしまう、というようなことができる柔軟性があります❶。

スポイトノード①

更に、エンプティオブジェクトを置いた位置の色を拾って色域選択するという、スポイトのような機能を再現してみようと思います。

1 まずは 3D ビューポート上に、スポイト代わりとなるエンプティオブジェクトを設置しておきます❶。

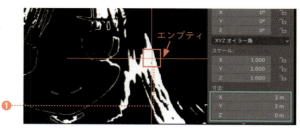

2 ［テクスチャ座標］ノードを 2 つ追加して、その片方で［オブジェクト：］欄に今設置したエンプティの名前を選択入力しておきます❶。

［画像テクスチャ］ノードを Shift + D で複製し、［積和算］（ベクトル演算）で両［テクスチャ座標］ノードの［オブジェクト］出力を加算合成します❷。

［乗算］の欄は全軸を -0.5 とし、エンプティではない方の［テクスチャ座標］ノードの［生成］出力 をカラー＞輝度 / コントラスト ノードで［コントラスト］を -2 とし、その出力を［積和算］出力と［加算］（ベクトル演算）ノードによって合成し、複製した方の［画像テクスチャ］ノードの［ベクトル］としてその［カラー］出力を先ほど作成した色域選択ノードグループの色選択用カラーとします❸。

この状態であれば、エンプティーを 3D ビューポート上で動かすと、その場所の色を拾ってその色の範囲を白色で出力してくれるようになります。ただし、画像テクスチャを表示しているメッシュの寸法が 2m × 2m である必要があります。

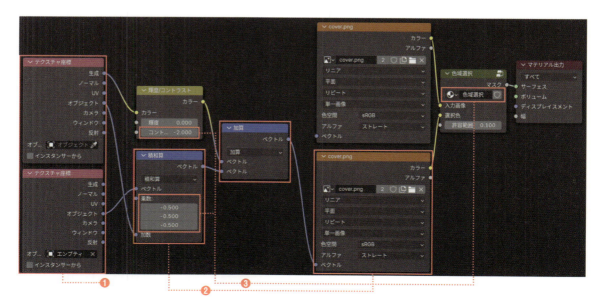

■ フィルター

3. それ以外の寸法であった場合、一辺の長さをaとすれば［コントラスト］の値は -a、［乗数］の値は -1/a である必要があります。これをノードで自動化するとすれば図のように［乗算］、［除算］ノードを利用し、左端の［値］ノードの値に一辺の長さを入力します❶。

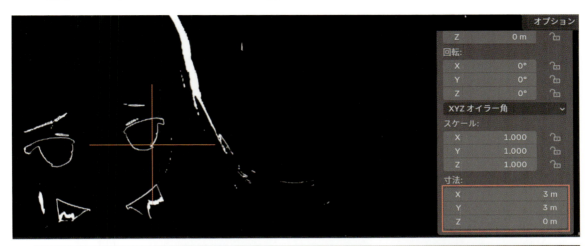

コントラストノードの応用

　なぜ座標操作にいきなり「コントラスト」が登場したのか、混乱された方もいるかもしれません。このスポイトノードは非常に少ないノード数で構成されていますが、実はそれなりに高度なことをやっているので順を追ってご説明します。まずコントラストとは何かを探るため、再び関数グラフノードを利用します。y = ax のグラフを作ると、a は単純に直線の傾きを表すことになります。a の値を上下させると、0 を中心に直線が回転するように動きます。

167

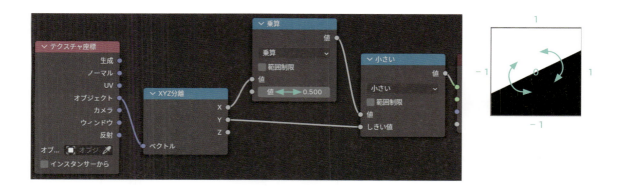

対して、xの値に［コントラスト］を通すと、x = 0.5、y = 0.5 の点を中心に回転します。値の大きさは明るさを表し、x軸が入力明度、y軸が出力明度となり、通常明るさは 0 から 1 までの範囲で表します。そのため、コントラストは 0 から 1 の中間である 0.5 を中心に角度を付ける必要があり、［オブジェクト］座標の場合右上に中心軸があるように見えます。

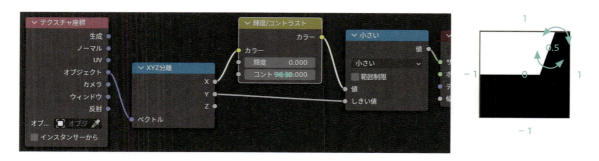

これと同じ挙動を数式ノードのみで構成するなら、一旦 0.5 減算し、乗算で角度を調節し、再び 0.5 加算し戻すという工程が必要になります。更に、明るさは 0 未満 1 超過の値が不要なので、［範囲制限］にチェックを入れておきます。0.5 の位置で回転が必要な場合は、コントラストでこの工程をひとまとめに出来るというわけです。

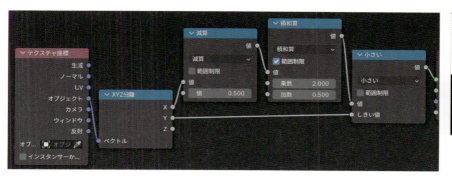

■ フィルター

　［生成］座標は、オブジェクトの一番左下を 0 とし、一番右側を x = 1、一番上（奥）を y = 1 とします。マッピングの拡大縮小（正体は乗算です）は計算の仕組み上 0 を基点とするため、［生成］座標では左下から右上へ拡大していくようになってしまいます。これは、モザイク処理等で右上へ移動していってしまう問題と原因は同じです。

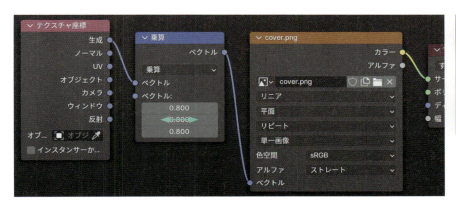

　そこで、0.5 を基点とした傾きの回転ができる［輝度／コントラスト］ノードの［コントラスト］が役に立つというわけです。しかも［コントラスト］は RGB（= XYZ）三軸に対して計算を行うため、［ベクトル演算］と同価値です。［生成］座標に対しては［輝度／コントラスト］を繋いでしまえば、［コントラスト］の値の上下で中心からの拡大縮小が可能になります。

スポイトノード②

　さて、スポイトノードの仕組みに戻ります。

1. 前項のコントラストを利用してエンプティを置いた場所の1ドットが目一杯最大に拡大されることで「色を拾った」のと同じことになるように仕掛けています❶。

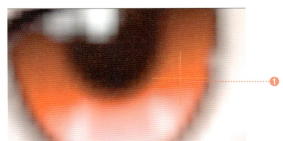

図ではわかりやすさのため最大拡大状態にはなっていませんが、オブジェクトの一辺の長さに -1 を掛けた数値を［コントラスト］に入力することで最大拡大となるため、そのように数式ノードを組んでいます。

2 更に、エンプティを動かしたときにその動きとは逆へ画像が動くことで拡大する位置をエンプティの乗った位置とすることが出来るので、グローバル位置とエンプティ位置の差分を取得する計算を［積和算］にさせています❶。

ただし［生成］座標はメッシュのサイズに合わせて拡大されるのに対して、［オブジェクト］座標は拡大されないのでそのズレを修正するため、一辺の長さのマイナスで除算しています❷。

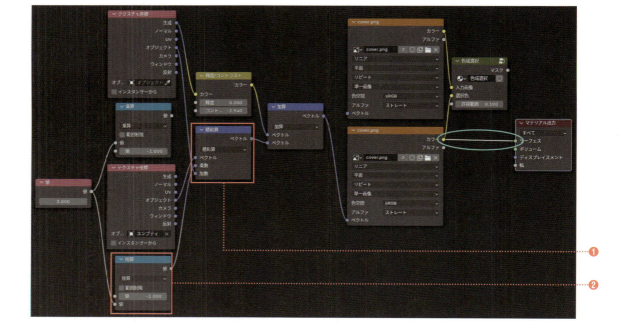

不飽和明度 / コントラスト

　［HSV（色相 / 彩度 / 明度）］ノードの［明度］は簡単に画像の明るさを上げることが出来て便利ですが、実際にこのノードが入力に対してどう処理を行っているかを関数グラフノードで確認してみると、グラフの上端がはみ出して切れている状態、つまりこの明るさよりも上の情報が切り捨てられている状態になっていることがわかります。

　そのため、処理後の画像では元々明るかった部分が白く飛んで、ディティールが確認できなくなってしまっています。

170

これを回避するため、画像処理や映像処理の解説書等ではよく「トーンカーブ」（Blender では [RGB カーブ]）を使って中央付近に制御点を打ってカーブを弓なりになるように持ち上げるというような解決策が提示されます。これであれば、カーブがはみ出しているところがないのでディティールは（ほぼ）失われません。せっかくなので本書ではこれを数式の力を使っての解決を試みてみます。

先に結論の関数を示してしまいますが、

$$y = \frac{x}{(x-1)(-e^{-a}+1)+1}$$

の a の値を上下させることで弓なりを上下に動かすことが出来ます。e はネイピア数を意味します。この関数の導き方まで解説すると大変長くなってしまうので割愛しますが、スペードマークを作ったりスポイトを作ったりしてきた過程と本質的には同じです。

シェーダーノードでは次の図のようになります。「e□」は、数式ノードの [指数] を使用し、その [値] に入れたものが □ となります。使いやすさのため、グループ化しておきましょう。どういった名前が適当かは悩みますが、ここでは「不飽和明度」としておきました。

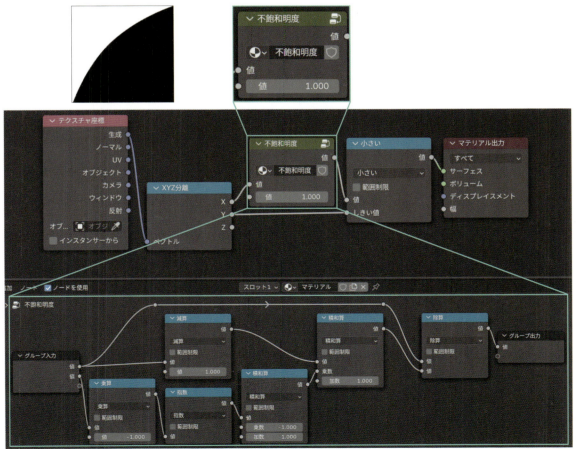

1️⃣ 画像に使用するためには RBG カラーに対応する必要があります。今作成した「不飽和明度」ノードグループを三つに複製し、［カラー分離］と［カラー合成］で並列に挟みます。「不飽和明度」の a にあたる入力には三つとも一箇所の［値］ノードから接続し、この［値］によって明るさを調節することになります❶。

　もしこれもグループ化する場合は、［値］以外の部分を選択しグループ化します❷。

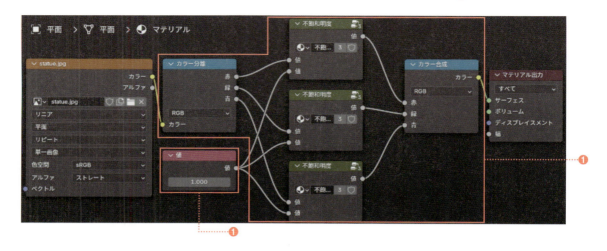

　［コントラスト］にも全く同種の問題が存在します。こちらでは、白飛びと黒つぶれが両方起きえます。

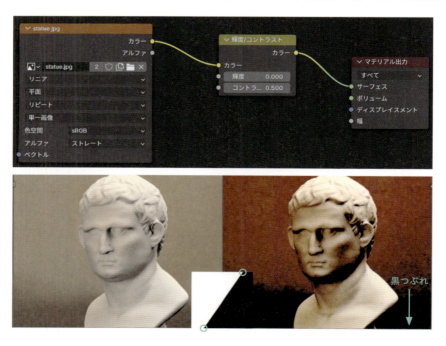

・フィルター

コントラストについても、解説書等ではよく「トーンカーブをＳ字にしましょう」という文言をよく見かけます。こちらも数式で解決してしまいましょう。

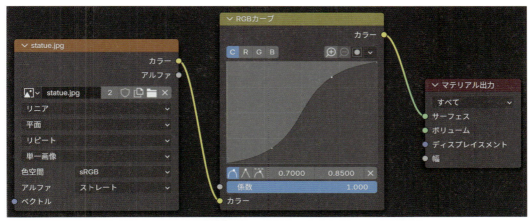

先程の明度の関数の発展形なので、更に複雑になります。

$$y = \frac{2x-1}{((2x-1)\,\text{sign}(2x-1)-1)(-e^{-a}+1)+1} 0.5 + 0.5$$

sign は符号関数を意味し、シェーダーノードでは数式ノードの [符号] に相当します。

シェーダーノードでは次の図のようになります。こちらも明度の時と同様、グループ化します。ノードグループの名前は「不飽和コントラスト」としました。

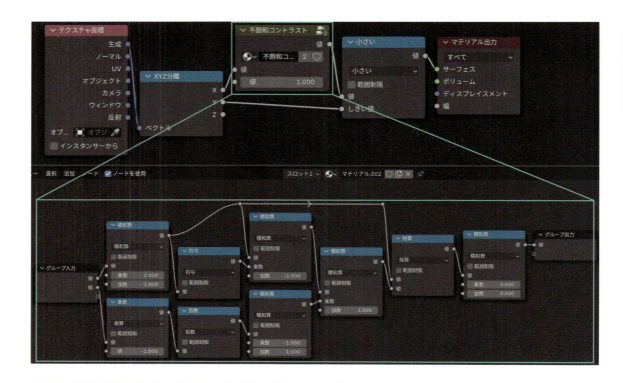

Memo

このように Blender で関数を導出する場合、https://www.geogebra.org/calculator や、https://www.desmos.com/calculator 等、数式を直接入力することでグラフ化してくれる Web サービスや、Google 検索窓に直接数式を入力することでグラフを出してくれる機能を使い、Blender と相互に結果を確認しながら作っていくのも一つの手です。

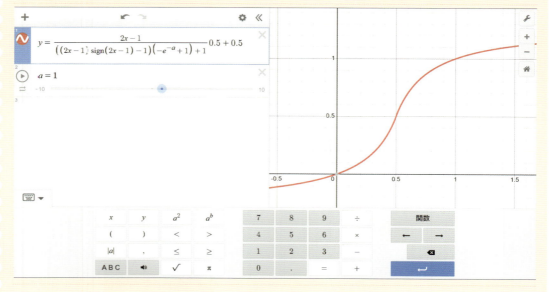

■ フィルター

明度と同様、RGB カラー化が必要なので、同じように三つ重ねる処理をします。

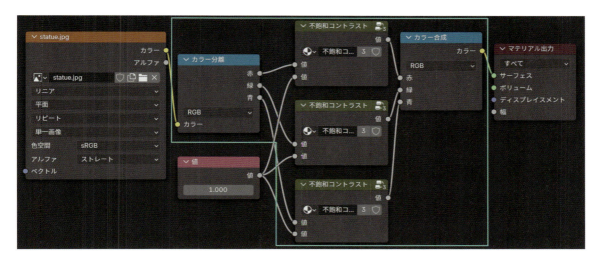

Memo

［明度］と［輝度］は混同しがちですが挙動が異なります。これも、関数ノードで実際の変化を視覚化することで理解が深まります。［明度］を変化させると、0 を基点に回転するようにグラフが変化します。これは［乗算］の効果と同じです。対して［輝度］の値を上げると、グラフは真っ直ぐ上へ（見方によっては左へ）シフトするように変化します。これは［加算］の効果と同じです。

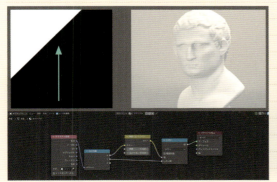 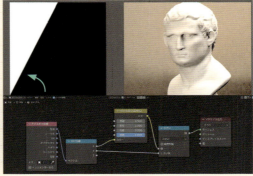

ちなみに、いわゆる「ガンマ値」は y=x^γ という簡単な計算式で表されます。

ボロノイ配置

[ボロノイテクスチャ]の[位置]出力は、ボロノイの各ブロックの位置を離散的に指し示しています。今回は、Z軸の情報を使用しないので[寸法]を[2D]にしておきます。

各位置を示しているということは、[テクスチャ座標]ノードの[オブジェクト]座標に対してこの位置データでカウンターをあてる（減算する）と、ボロノイの各ブロックを中心とした座標を得ることが出来ます。

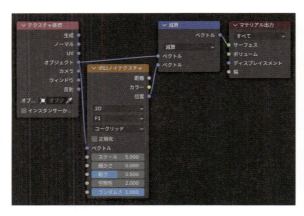
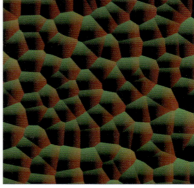

テクスチャに対してこの座標を[ベクトル]として使用すると、そのテクスチャをボロノイの各ブロックの位置座標に基づきバラバラに散らしたように配置することが出来ます。ただし、[画像テクスチャ]を使用する場合、0.5の位置が中心になってしまうので、[加算]（ベクトル演算）ノードによってX、Y座標に0.5を加算します（Zは使用していないのでZの値の変化に意味はありません）。

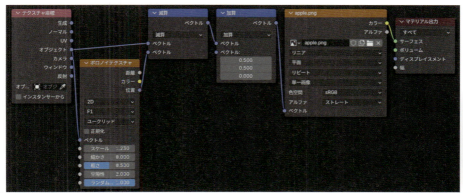

［明度 / コントラスト］ノードを挟めば、前出の通り［コントラスト］の値で画像テクスチャのサイズ変更が可能になります。［画像テクスチャ］ノードの［端の処理］は［クリップ］にしておきます。ただしこのままでは各テクスチャのサイズが同じになってしまうので、これをバラけさせるための仕組みを追加します。

［ボロノイテクスチャ］ノードを複製し、［特徴出力］プルダウンメニューで［N 球面半径］に切り替えます。これは各ボロノイブロックの内接円の半径を出力してくれるので、これを［コントラスト］に繋げます。ただしコントラストは上げるほどテクスチャが小さくなるので、逆数にするため［除算］を通します。［除算］の上側の値の大きさでテクスチャサイズを操作できるようになります。両ボロノイはパラメーターを一致させなければいけないので、［スケール］の値を一つの［値］ノードの出力で管理します。

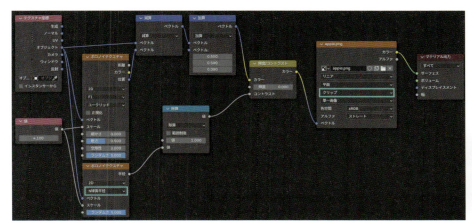
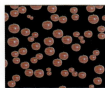

更に、回転角度も各ブロックでバラけさせたい場合、ベクトル > ベクトル回転 ノードを追加し、［タイプ:］を［Z 軸］にして［中心:］を全て 0.5 として［明度 / コントラスト］ノードの前に挟みます。ひとつめの［ボロノイテクスチャ］ノードの［カラー］出力は各ブロックでランダムな値を出力してくれるので、これに［乗算］を通しつつ［角度］に接続します。これにより、［乗算］のもう片方側の数値を増やすほど各ブロックの回転角度に差が生まれます。また、ボロノイの［ランダムさ］も調整したい場合、両ボロノイで値を合わすため一つの［値］ノードの数値で共有する処置を行っておきます。

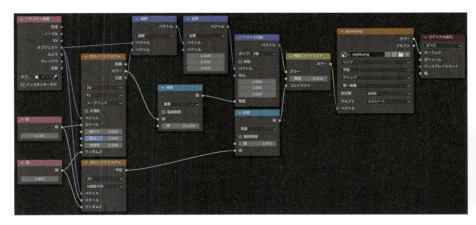
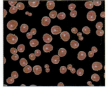

エッジ抽出

このノードは、画面左下の平面のものを表示しています。その右側は [バンプ] ノードの [ノーマル] 出力をそのまま [マテリアル出力] へ繋げたもの、上二つはそれぞれを実際の立体の状態で再現したものです。[ノーマル]（法線）情報とは、各面がどちらの方向を向いているかを RGB で表しているもので、真上を向くほど青（Z）が強くなります。つまり真上から見た場合、青が弱いほど面がこちらに対して垂直に近くなるということになります。それはまさに「エッジ」の概念そのものです。

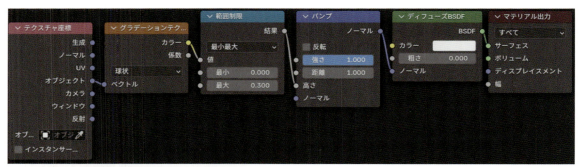

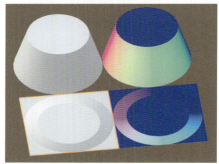

それを踏まえれば、画像の出力を [バンプ] の [高さ] とし、[XYZ 分離] して [Z] の一定のしきい値以下を出すだけでエッジ抽出ができてしまうことに気づくことが出来ます。本来、エッジを抽出する処理、つまり強度に対する勾配を求めるには、微分計算が必要になります。ですがこの [バンプ] ノードは自前でそれをやってくれているノードなので、これをそのまま利用してしまえば自分でわざわざ計算ノードを組まなくて済みます（その分、[バンプ] ノードは非常に処理が重いノードです）。

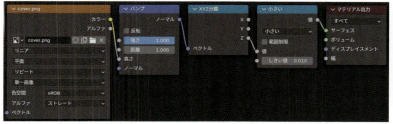

10 ループ

ゲーム用の素材作成やループする動画を作る際には、縦や横でシームレスにループして繋がっているテクスチャ素材が必要になることが多々あります。シェーダーノードを利用すれば、そういったものも自作してしまうことが可能です。ここでは、それをどうやって実現するかの考え方の説明から行います。

✕ ループ

プロシージャルテクスチャは、三次元の広がりを持っています。我々が目にするテクスチャは面（二次元）に貼り付けられたものでしかないため、一体何が三次元なのか直感的にはわかりにくくなっています。想像してみてください。プロシージャルテクスチャは、目には見えないもののグローバル空間上に無限に広がって空間を満たしていて、それに対して平面でスライスした断面を我々はテクスチャとして見ているという状況です。この平面がどんな角度であったとしてもその断面は一様で、どちらか一方に模様が間延びしたり歪んだりすることはありません（これを三次元に対称性を持つといいます）。

一方、画像テクスチャやレンガテクスチャ等の二次元テクスチャは、Z軸方向には無限に同一の状態が続き、スライス面はZ軸方向にいくら移動させても同一となるいわば金太郎飴状態です。こちらはスライス

面の角度を変えてしまうとどちらかに間延びしてしまう可能性があります。それを回避するため、マッピングをユーザーが容易に定義できる [UV] 座標が主に使われます。

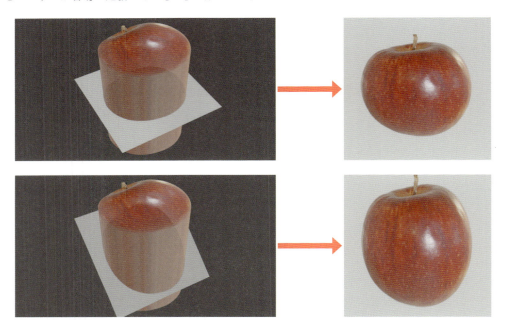

では、スライス面が"円柱形"だった場合を考えてみてください。斜めの面でも破綻なく切り取ることが出来るので、曲面であろうと平面時と同じように一様なスライス面を得ることが出来ます。その円柱形を切り開いた状態を想像すると、切込みを入れた辺同士は元々はシームレスに繋がっていたので、これを複製し切込み線同士を繋げるように並べるときちんとループしていることが確認できます。

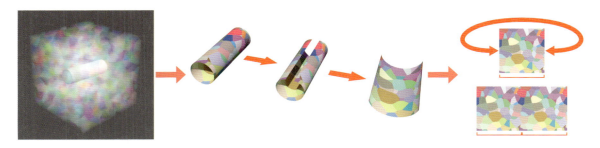

実際に円柱形の状態でテクスチャをベイクして、手動で頑張って切り開く…という作り方でもいいのですが、我々には数学という武器があるのでもっとスマートに解決してしまいましょう。直交座標から円柱座標への変換式は前出しましたが、もちろんその逆の円柱座標から直交座標への切り開きの式も存在します。

$x = r \sin \theta$
$y = y$
$z = r \cos \theta$

これをシェーダーノードで再現すると図のようになります。円周を一辺へ変換しているので、この式のままだと2πrでループの長さとなってしまい扱いが難しくなるため、ベクトルに360/aをラジアンへ変換したものを乗算しておくことでaの長さでループしてくれるようにしておくことが出来ます。

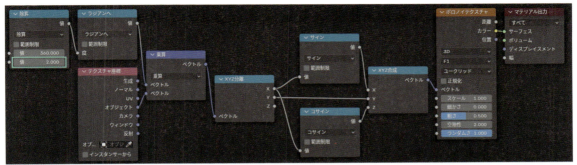

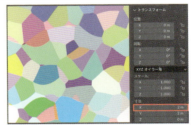

XYループ

　ただしこれだけでは、X方向のみのループになります。贅沢を言えばやはりXY両方向へのループが欲しくなります。

　有名な話なので聞いたことがある方は居るかもしれませんが、某有名国産RPGの世界のように、海の端っこを更に超えて突き進むと反対側の海に出ることが出来るというゲームは沢山あります。しかしこれはよく考えると不思議な現象です。

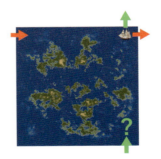

　もしこの世界が我々の地球のように球状であれば、北の端へ到達したからといっていきなり南の端へワープしたりは出来ません。東西が繋がっていることは不思議ではありませんが、どこから北へ進み続けても北極点に到達して終わります。

このことから、某 RPG の世界はトーラス型であるといわれます。これであれば XY 方向どちらへもループすることができます。で、あれば、先程円柱形を切り開いて X ループを実現したように、トーラス型を切り開けば XY ループが実現できるということになります。

しかし一次元では簡単にできたことが、二次元では急に難しくなります。トーラス型の物体を実際に大円方向、小円方向へ切り開いた状態を想像してみてください。それを平らな机の上に広げようとしても、どこかにシワが寄ってしまって綺麗に平らにすることは出来ません。

これは数学の上でも同様で、素直に Y 方向へも同じような座標変換の式を加えても、現実で起こったシワがテクスチャの歪みとして現れます（歪みはするものの、XY ループ自体は出来ています）。実はこれは歪みなしには変換不可能であることが数学的に証明されています。

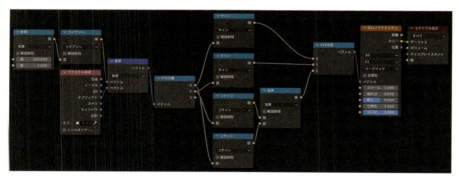

線がどれくらい曲がっているかを「曲率」といい、半径 r の円周の曲率は 1/r と表されます。

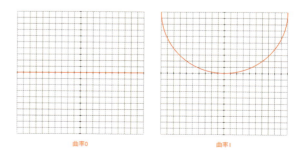

更に、面上の一点においての最も曲率が高い方向（κ1）とその曲率と最も差がある曲率の方向（κ2）を、「主曲率」といい、主曲率同士の積κ1×κ2を「ガウス曲率」といいます。例えば円柱形は、円周方向は曲率1/rであるものの、高さ方向は曲率0であるためガウス曲率は0となります。

ガウス曲率0の面は「平坦である」「可展面」と言い表され、平面に歪み無く広げることが出来ます。逆に言えばガウス曲率が0以外であれば、平面へ変換しようとすると必ず歪みが生じることになります。

例えば球体であれば、舟形が並ぶように切込みを入れなければ平面へ広げることは出来ません。ただしそれも近似値であり、正確に言えば無限に細い舟形を無限個並べる必要があります。そのため、この世に存在する地球の平面地図は、どこかしらに必ず歪みを許容しているものしかありません。

しかし本当に歪みのないXYループは不可能なのでしょうか？諦めきれず色々調べてみると、「平坦トーラス」という言葉にたどり着きます。それはなんと四次元目の空間を利用するというもので、もちろん現実には我々は四次元を扱うことは出来ないので、数学の理論上の話です。XZ平面上の円周を切り開くと同時にXY平面の円周を切り開こうとすればXを同時に使うことになり歪みが生じてしまいますが、XY平面の円周を切り開くと同時にZW平面の円周を切り開くのであれば、お互い干渉することはありません。

さて、四次元？W軸？そういえばBlenderはそれらを扱うことが出来るのでした。

［ボロノイテクスチャ］ノードの［寸法］を［4D］に切替え、その［W］入力を使い

$x = r \sin \theta$
$y = r \sin \phi$
$z = r \cos \theta$
$w = r \cos \phi$

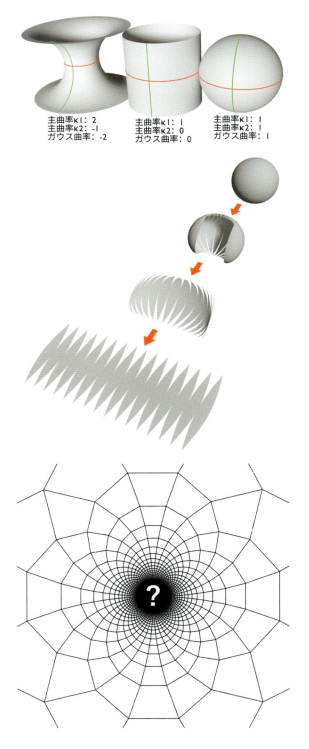

となるようにノードを組みます。前置きが長かった割に実装自体は非常に簡単で申し訳ないのですが、恐らくこの前提を知らなければ何故 W 軸なんかを使うのかは全く想像できないものだったかと思います。Blender は 3D ソフトではなく 4D（時間軸も合わせれば 5D）ソフトであることが実感できるトピックだったのではないでしょうか。

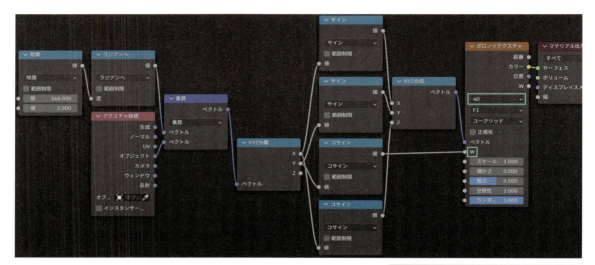

Z（時間）ループ

$x = x$
$y = y$
$Z = r \sin \theta$
$W = r \cos \theta$

とすれば、Z 方向へのループを作ることが出来ます。2D 平面へのテクスチャとして使う場合、入力 Z（θ）への移動アニメーションを作成すれば、一定の時間でループする模様を作ることが出来ます。

■ ループ

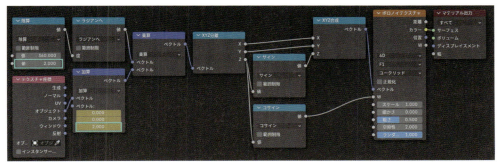

θループ

極座標へのループを作ることも出来ます。図では、P141で作った円座標変換ノードをひとまとめにノードグループ化し、[円座標]という名前をつけています。こちらは円周から円周への変換であるため、2πrで割る必要がなく、むしろシンプルなノードになります。

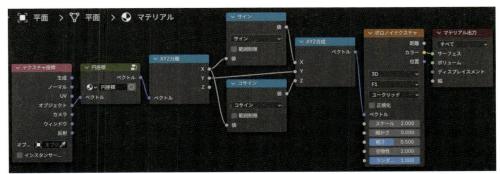

11 作例集その3

最後に、更に高度な数式が必要となるシェーダーノードをいくつか紹介します。

半円波

衣服等で見られる「スカラップ」形状を作ろうと思った時、即座に思いつくのはサイン波の絶対値と取ることです。

ですが実物を観察してみるときちんと半円であることが多いので、[ピンポン](数式ノード)で三角波を作ったもの (a) に

$$\sqrt{1-a^2}$$

という計算を行います。この半円を作る式はデザインの分野においては非常に重宝するものなので是非覚えておきましょう。

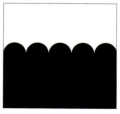

放射形

　[グラデーションテクスチャ]（放射）に[ピンポン]を通したものは放射形を作ることが出来ます。[スケール]には 0.5/a という式を作っておくと a の本数で放射を作ることが出来ます。[小さい]の[しきい値]にはその数に[乗算]を通したものを繋げておけば、下側の[値]の割合で放射の太さを決定できます。

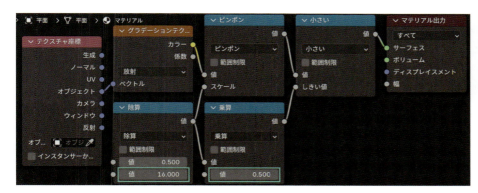

正多角形

1. まず[テクスチャ座標]の[オブジェクト]出力を[XYZ分離]ノードに通し、[Y]を数式ノードの[大きい]で[-0.5]程度にしたものを用意します。大元の座標に対して ベクトル>ベクトル回転 ノードを挟み、[タイプ:]を[Z軸]にしておくと、その[角度]パラメーターの操作で上下で白黒に分かれた画像を回転させられる状態になります❶。

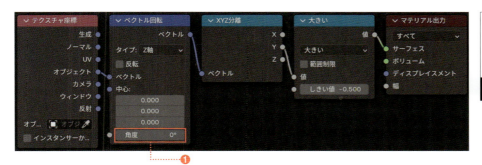

2️⃣ それとは別に、[テクスチャ座標] の [オブジェクト] 出力を [グラデーションテクスチャ]（放射）のベクトルに繋ぎ、その出力を [スナップ]（数式ノード）の [値] に接続、[増分] の方には [除算]（数式ノードの）1/nにしたものを繋ぎます❶。

すると、nの数で放射状に分割されたような画像を得ることが出来ます。

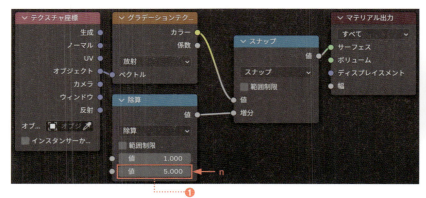

3️⃣ 以上の二種のノード群を組み合わせて、n分割された放射を元に上下白黒画像が回転するようにノードを繋げます。そのままでは都合のいい角度が出ないので、間に [積和算] ノードを繋いで丁度多角形になってくれるように調節します。

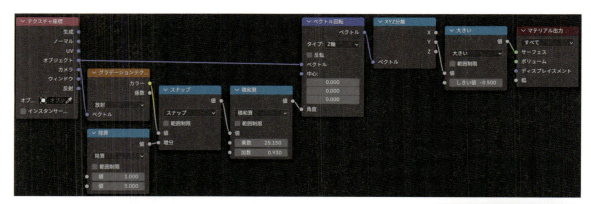

188

3 ただしそれだけで上手く多角形になる数値を見つけたとしても、nの数を変えてしまうと崩れてしまいます。どうやらnを変数とした関数を組む必要があるようです。こちらも導出は省きますが、[スナップ]からの出力をsとすれば

((90n-180)/n)-180s

をラジアンへ変換した数値となります。

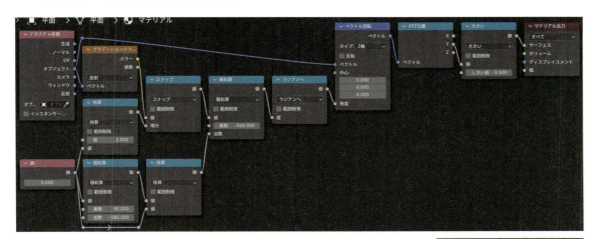

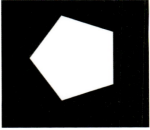

もしこれをノードグループ化するならば、[テクスチャ座標]と[値]を外に出して入力ソケット化することをおすすめします。[値]の入力は「何角形か？」を扱うものなので 0.1、0.2、0.3…のような実数ではなく 1、2、3…のような小数点のない整数が適しています。また、最低三角形までしかないため、サイドバー（Nキー）の［グループ］タブにある［インターフェイス］パネルで、［値］を選択して［タイプ］を［整数］にして、［最小］を 3 にしておきましょう（［デフォルト］は 3 以上であれば何でもかまいません）。

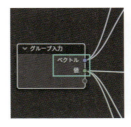

割れ表現

1. 表面がバラバラにひび割れている状態を再現しようと思った時、パッと思いつくのはボロノイのカラーをバンプの高さに使用するというものです。ですがこれだけだと、高さに斜めの要素がないためにあまり思ったような結果になりません。

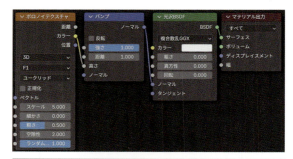

2. そこで役に立つのが、P176でご紹介したボロノイ配置ノードです。[画像テクスチャ]を接続していた位置にグラデーション（リニア）を置くことにより、ボロノイ状にバラバラに回転したグラデーションを作ることが出来ます。

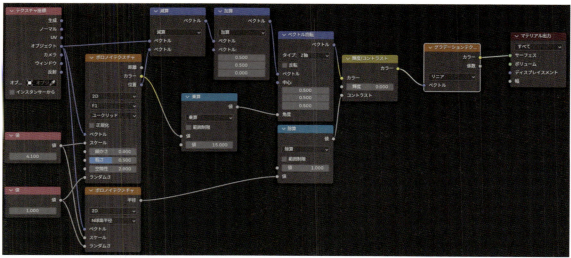

■作例集その3

3 これをバンプの高さとすることで、割れ窓や割れ鏡等、ひび割れた表現が可能になります。

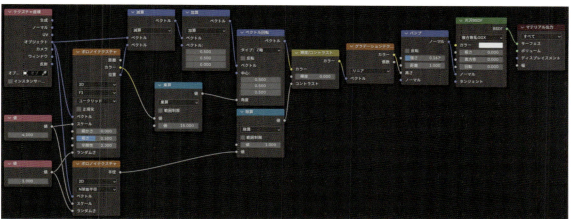

六角平面充填

1 テクスチャ>波テクスチャ（バンドの方向はXYどちらでもかまいません）を追加し、[テクスチャ座標]の[オブジェクト]をベクトルとしますが、その間に[ベクトル回転]を挟み、その角度には[値]ノードを繋げます。[波テクスチャ]の[位相オフセット]の方にも、[ラジアンへ]を挟んだ[値]ノードを繋げておき、[テクスチャ座標]と[値]を除いた全てをグループ化します❶。

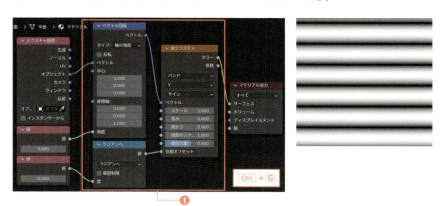

2 そのグループ（「平面充填部品 A」と名付けました）を Ctrl + Shift + D で三つに複製し、それぞれの出力を [XYZ 合成] の XYZ にそれぞれ繋ぎます❶。

　その出力を [カラー分離] ノードに繋ぎ、[HSV] に切り替えると表示される [値] ノードからの出力を [小さい] に繋げます。全ノードグループの [位相オフセット] をひとつの [値] ノードから取り、[小さい] の [しきい値] に新規の [値] ノードを繋げておき、グループノードの [角度] に繋がっていた [値] ノードは削除します。複製したノードグループの二つ目の [角度] は 120°、三つ目は 240° としておきます。[テクスチャ座標] と [値] を除く全ノードをグループ化します❷。

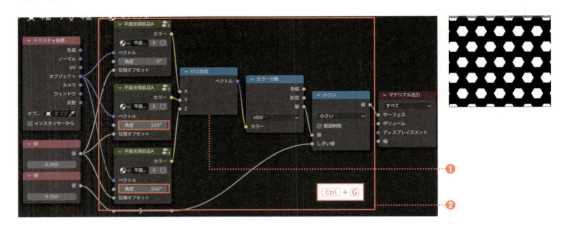

3 グループの表に出てそのノードグループも再び Ctrl + Shift + D で三つに複製し、やはり三つを [XYZ 合成] で一つにして [カラー分離] の [HSV] で [値] を出力へ繋ぎます。全ノードグループの [入力] ソケット [小さい] の [しきい値から繋がっているもの] を一つの [値] ノードに繋ぎ、それぞれの [位相オフセット] はこちらも 0、120、240 とします。もしこれもグループ化する場合は、やはり [テクスチャ座標] と [値] 以外の全てを選択してグループ化します。[値] の大きさで、各六角形の大きさを変えることが出来ます❶。

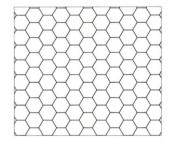

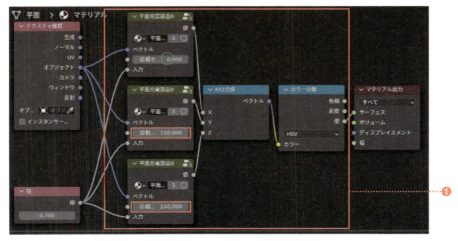

■ 作例集その3

Memo
三角形の平面充填も似たような方法で作ることが出来ます。

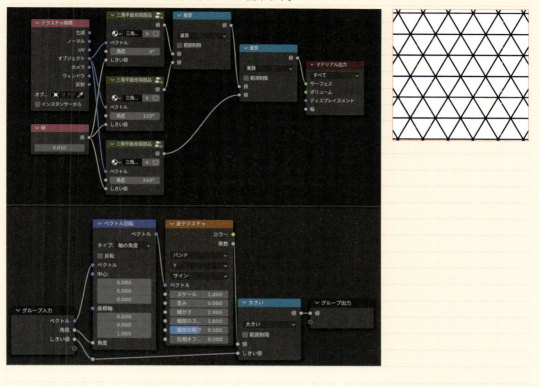

シャボン玉

シャボン玉や真珠、チタンに熱を入れたもの等は、表層に作られる多層の膜により虹色に発色します。それぞれの層で反射した波同士が干渉し強め合ったり弱め合ったりと複雑に色が変化するため、これまでの単純な屈折や遊色のようなRGBだけではなく、様々な色が現れます。

薄膜干渉

1 まずは、以下のような計算を行うノードグループを作成します。

$$y = \left(\left(-0.52 x^{1.5} + 1 \right) \left(\left| \sin\left((xa)^{1.16} \right) \right|^{0.86} \right) \right) \operatorname{sign}\left(\sin\left((xa)^{1.16} \right) \right) 0.38 - 0.32$$

※この式は現実に現れる色を元に筆者が勘で作成したものであり、特に物理学的な根拠はありません。

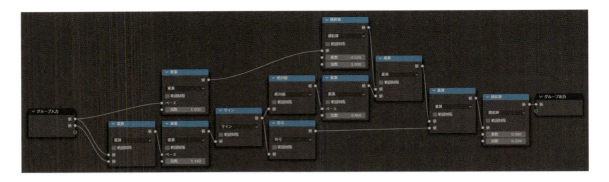

ちなみに、この式は右ようなグラフを描きます。

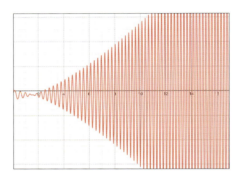

2️⃣ このノードグループを三つに複製し、入力値 a をそれぞれ 9.5、10.84、12.92 として［カラー合成］ノードの赤緑青に繋ぎます❶。

ノードグループの入力値 x は［フレネル］ノードの出力と［加算］した出力を繋ぎ、この全てをグループ化した後、その被加算側とフレネルの IOR をグループ入力へ繋ぎます❷。

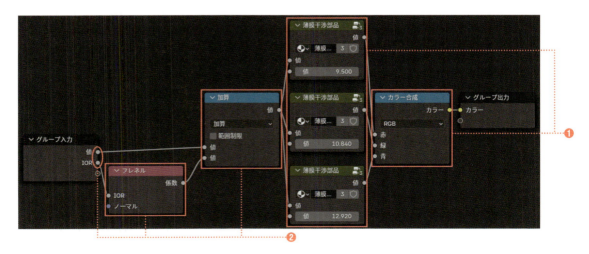

■ 作例集その3

③ 入力値 x は層の厚みを意味するため、これにノイズテクスチャ等の模様を作れるものを繋ぎ、この出力をカラーとした［光沢 BSDF］を作れば、まるでチタン製の酸化被膜のような表現が可能です。
　IOR は基本は1とし、数値を高くするほど視線入射角による変化が強くなります。

Memo

Cycles であればプリンシプル BSDF に薄膜干渉を再現する機能が備わっています。ただし、バージョン 4.2 時点ではスペキュラーにしか対応していないため、スペキュラーの［IOR レベル］を上げ、［ベースカラー］は暗めにしておく必要があります。［薄膜の厚さ］ソケットにノイズ等を接続しておくと、部分によって厚みが変わる様子を再現することが出来ます。

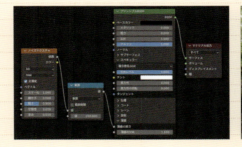

シャボン玉の構造

シャボン玉の場合はさらに複雑な要素が加わります。実物の写真を観察してみると、背後側の背景が正立で映り込んでいるのと、倒立で映り込んでいるのが合成され、点対称のように上下に空が映り込んでいます。更に、正面側の背景がこちらへ透過して見えていますが、これは全く屈折していないように見えます。

upsplash より Kai Dahms（@dilucidus）による撮影

これは、シャボン玉表面（凸面）で反射した光が正立像として、裏面（凹面）で反射した光が倒立像として、更に背面からの光も透過することで三重に光が合成されているためです。そしてシャボン玉は薄すぎるため、ほぼ像の屈折は認識できません。

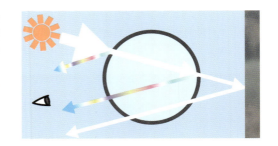

シャボン玉の作成

1 それらを総合して考えられるノードがこちらになります（EEVEE限定）。

　［プリンシプルBSDF］の［粗さ］を0に、［伝播］を1にしたものを、入力＞ジオメトリ ノードの［後ろ向きの面］を係数とした［シェーダーミックス］で［透過BSDF］と合成することで、裏面のみ表示されるシェーダーを作ります❶。

　これにより倒立反射像が作れるので、これと素の［プリンシプルBSDF］を［シェーダーミックス］で半々合成することで正立倒立両反射のものを作ることが出来ます❷。

　［マテリアル出力］ノードの［幅］ソケットに［値］ノードを接続しておきます。シャボン玉は非常に薄い層で出来ているので0.001などの可能な限り小さな値にしておきます❸。

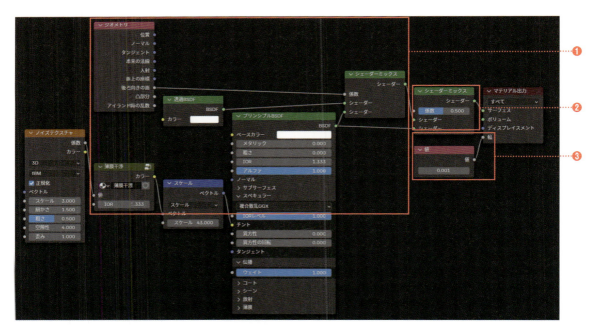

■作例集その3

2 背後のオブジェクトを透過させるため、レンダー設定で[レイトレーシング]にチェックを入れ、マテリアル設定の[レイトレース伝播]にもチェックを入れます❶。

　[幅]は[厚みのある板]とします❷。

　ぼやけたような印象になってしまう場合はレンダー設定の[レイトレーシング]パネル内の[デノイズ]のチェックを外し、ノイズを軽減するため[解像度]を[1:1]等詳細なものに、レンダリングのサンプル数は高めにします❸。

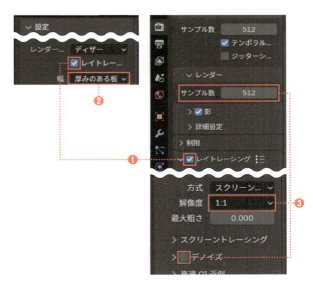

3 あとは、先程作った薄膜干渉ノードを[ノイズテクスチャ]等で高さを設定して[プリンシプルBSDF]の[スペキュラーチント]へ繋ぎますが、そのままでは強度が足りないので[スケール](ベクトル演算)ノードを挟んで大きな値にすれば、反射像に色を付けることが出来ます。

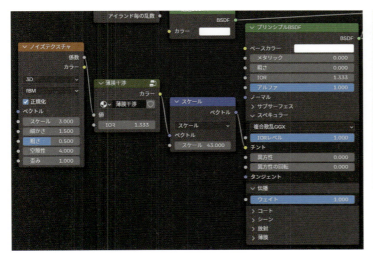

Memo
　真珠や螺鈿の色も薄膜干渉によるものなので、このノードが流用できます。

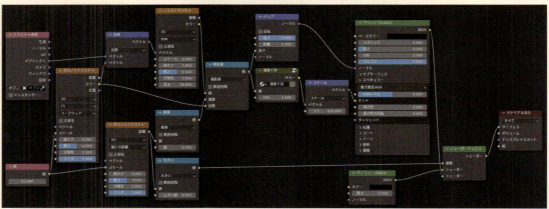

Chapter

ジオメトリノード

　この章では、ジオメトリノードについて作例の制作手順を通してご説明します。ジオメトリノードはいままでの実態のない画像や動画のみを扱うものだったノードと違い、オブジェクトやその下位要素であるメッシュ、カーブ、テキスト等を変形させたり生成したりといった物体的な要素を扱うノードです。

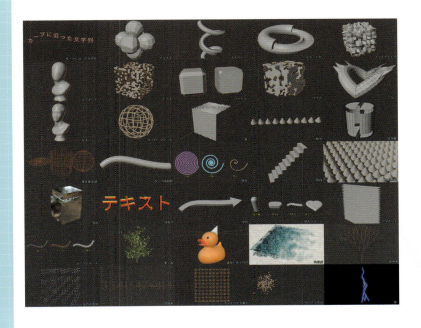

1 インターフェース

コンポジターからシェーダーへ、2Dから3Dへ増えることで飛躍的に難しくなりましたが、ジオメトリノードでは更に「属性」という要素が加わり、より複雑になります。ですがインターフェースについてはほぼ同じなので、シェーダーノードで慣れていれば新しく覚える事はあまりありません。

適当にエリアを分割し、エリアの一つを[ジオメトリノードエディター]に切り替えるだけで準備は完了です。まずはデフォルトで設定されているCubeを選択した状態で[新規]ボタンを押してみましょう。

メッシュ

　これまでのノードと同じように、入力と出力のノードが追加され、その間がリンクで繋がった状態になっています。ジオメトリノードはモディファイアの一種として扱われます。[新規]ボタンを押すとモディファイアパネルの最後にジオメトリノードモディファイア追加され、モディファイアの配置を元に上から順にその効果が適用されていくというルールにも準ずるため、他のモディファイアで変形や編集を行った状態に対してジオメトリノードで改変を加え、更に他のモディファイアを追加するというような使い方もできます。

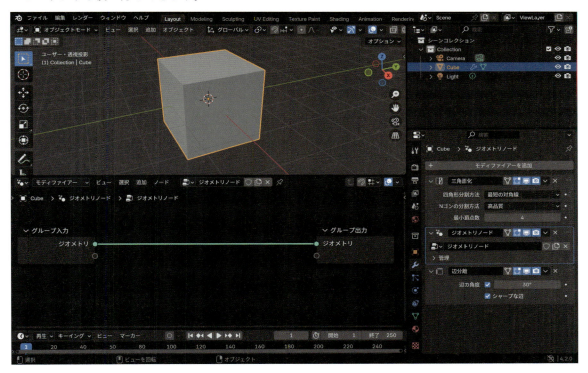

ジオメトリトランスフォーム

　ノードを追加する方法ももちろんこれまでと同じで、Shift + A キーの追加メニューからカテゴリを選択していき、目的のノードをクリックします。まずは、ジオメトリ>処理>ジオメトリトランスフォームノードを追加し、[ジオメトリ]同士を繋ぐリンクの間に挿入してみましょう。このノード内の[移動：][回転：][スケール：]のそれぞれXYZ軸を数値を動かすことで、該当オブジェクトが移動、回転、拡縮出来ることが3Dビューポートで確認できるかと思います。緑色の[ジオメトリ]ソケットは、オブジェクトのこと

だと思っていただいて実用上ほぼ問題ありません。物を動かすには座標の概念を理解する必要があったシェーダーノードに比べると、このノードは非常に直感的に扱うことが出来るといえます。

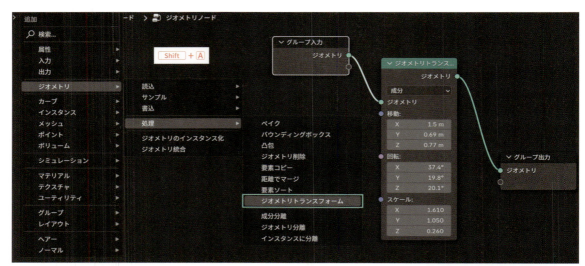

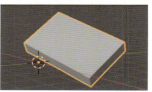

位置設定ノード

次に、ジオメトリ＞書込＞位置設定ノードを挟んでみましょう。こちらも、［オフセット：］のXYZの値を動かすと、それぞれXYZ軸でCubeを移動させることが出来ます。係数に当たるものを何も指定していないので先程の［ジオメトリトランスフォーム］ノードの［移動］と何も変わらないように見えますが、［ジオメトリトランスフォーム］はオブジェクト単位でトランスフォームを操作するものなのに対して、こちらの［位置設定］は編集モードで操作するような要素を移動させることが出来ます。

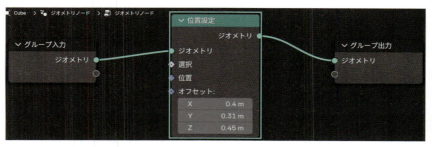

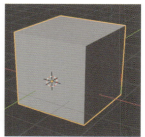

202

ジオメトリ>読込>位置 ノードは、シェーダーノードでのオブジェクト座標と同じ意味を持ちます。ユーティリティ>ベクトル>XYZ分離 ノードの[X]出力をユーティリティ>ベクトル>XYZ合成 ノードの[Y]出力へ繋げれば、y＝xとなり、メッシュを斜めに変形させる事ができます。

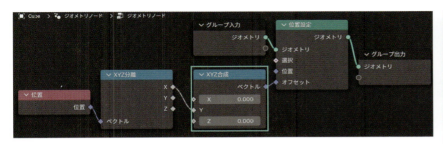

シェーダーノードと同じように、数式によって形状を変えることも可能です。ユーティリティ>数式>数式 ノードを追加し、[累乗]に切替え[指数]を2にしたものを挟めば、U字型に変形させることが出来ます。ただしデフォルトのCubeそのままでは頂点数が少なく、変形が確認できないので、メッシュ>処理>メッシュ細分化を[グループ入力]直後に挟み、[レベル]を上げて細分化します。

プリミティブ

メッシュ>プリミティブからは、様々なプリミティブメッシュを追加することが出来ます。それぞれ細かくパラメーターを設定可能なので、まずはここから形状を作り、[位置設定]ノードにより様々に変形させて目当ての形を得る、という使い方ができます。必ずしも、[グループ入力]から出力されるものを使わなくても良いということです。ジオメトリ>ジオメトリ統合 ノードは、入力ソケット側にはいくらでも[ジオメトリ]を繋げることが出来、その全てを一つのジオメトリとしてまとめてくれるノードです。

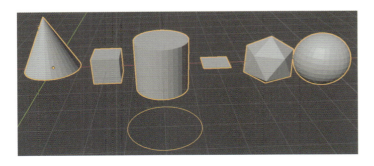

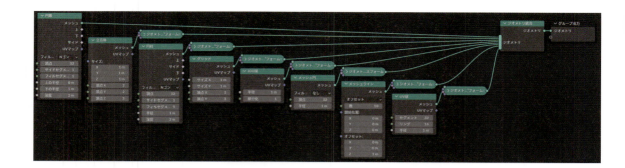

スムーズシェード設定

　メッシュ＞書込＞スムーズシェード設定を挟めば、メッシュの辺や面をスムーズシェード化出来ます。マテリアル＞マテリアル設定 ノードで、メッシュに任意のマテリアルを適用することが出来ます。既にマテリアルが適用されたメッシュを［グループ入力］で読み込む場合以外の、ジオメトリノード内で新規作成されたジオメトリにはマテリアルが指定されていないので、このノードを使用して指定する必要があります。

 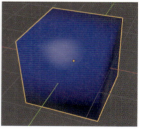

読込カテゴリ

　メッシュ＞読込 カテゴリには、メッシュの特徴を元に一部を選択できるようなノードが用意されています。例えば［辺の角度］は、ユーティリティ＞数式＞比較 ノードに繋げることによって、ある角度以下の辺や、ある角度以外の辺等の結果を出力することが出来、その要素に限定して他のノードの効果を付加するといった使い方ができます。［メッシュ細分化］によって細かくしたCubeに対し、ジオメトリ＞処理＞ジオメトリ削除ノードを通すと全てのメッシュが削除されてしまいますが、［選択］入力に［比較］（大きい）によって選別された［辺の角度］を接続すれば、指定した値より大きな角度の辺のみが削除されるという効果を作ることが出来ます。

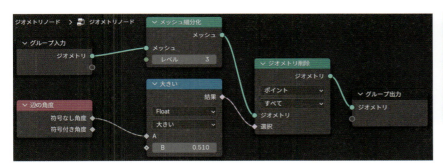
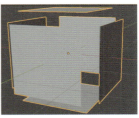

サブディビジョンサーフェス

　メッシュ＞処理＞サブディビジョンサーフェス ノードは、同名のモディファイアと同じ働きをします。メッシュ＞処理＞メッシュ押し出しは、［選択］した要素を個別に押し出します。［個別］のチェックを外せばひとまとめに繋がった状態のまま押し出してくれます。

3 カーブ

　カーブオブジェクトにジオメトリノードを付加することも出来ます。カーブオブジェクトに付加したからといってカーブオブジェクトしか扱えないわけではなく、メッシュオブジェクトを作ることも、それをカーブオブジェクトに統合することも可能です。

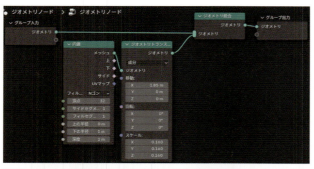

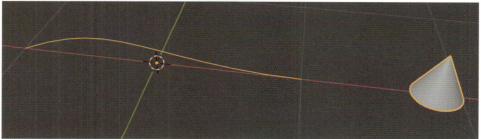

カーブのメッシュ化

　カーブ>処理>カーブのメッシュ化 ノードは、[断面カーブ]に接続したカーブの形で上の[カーブ]に接続したカーブに沿ってベベルを作成します。入力ソケット側には両者共カーブを接続する必要がありますが、出力はメッシュ形式となります。

カーブフィル

　カーブ＞処理＞カーブフィルノードは、カーブの内側を埋めたメッシュを作成します。立体的なカーブだった場合、Z軸の高さが無視されZ＝0の位置にメッシュが作られます。複数のスプラインが重なった場所はブーリアン処理により、穴が空きます。こちらも処理後はメッシュオブジェクトになるため、［メッシュ押し出し］等メッシュに対して行える加工が全て可能になります。カーブ＞プリミティブカテゴリでは、［スター］や［弧］等、様々なプリミティブ形状のカーブを追加することが出来ます。

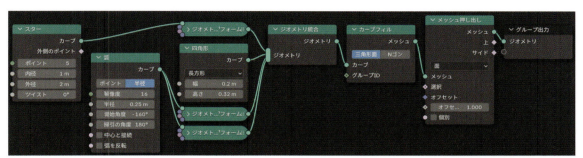

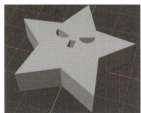

読込カテゴリ

　カーブ＞読込 カテゴリでは、カーブ特有の情報を取得することが出来ます。例えば［スプラインパラメーター］は、カーブの始端から終端までの位置の割合を、［長さ］は単純なカーブの長さを、［インデックス］は制御点に割り振られた番号を取得します。カーブ＞書込＞カーブ半径設定 ノードはカーブの半径を設定することが出来るため、［スプラインパラメーター］の［係数］を［カーブ半径設定］の［半径］に繋げれば、始端から終端にかけて太くなっていくカーブを作ることが出来ます。

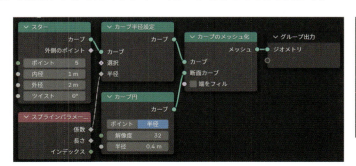

4 テキスト

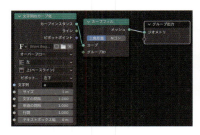

ジオメトリノードでは、テキストも扱うことが出来ます。ユーティリティ>テキスト>文字列のカーブ化 ノードを追加し、[文字列]の欄に文字を入力すると、指定したフォントでその文字がカーブオブジェクトで再現されます。そのため、出力したものは[カーブフィル]等、カーブに施せる処理が可能になります。

値の文字列化

ユーティリティ>テキスト>値の文字列化 ノードを使用すれば、ユーティリティ>数式>数式 ノードの計算結果等、数値を文字列として使用できます。また、ユーティリティ>テキスト>文字列結合は、複数の文字列を結合することが出来、その[区切り]ソケットに ユーティリティ>テキスト>特殊文字 の[改行]を繋げることによって文字列同士を改行で繋げることも出来ます。

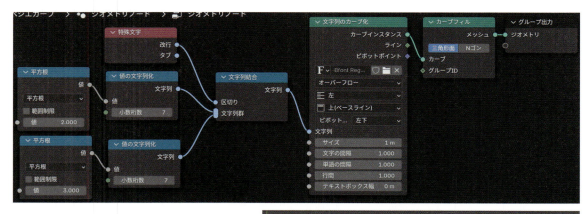

文字列長

ユーティリティ > テキスト > 文字列長 ノードは、入力された文字列の長さを取得できます。これを利用すれば、文字列の長さが動的に変化したとしてもそれに追随するアンダーバー等を作ることが出来ます。

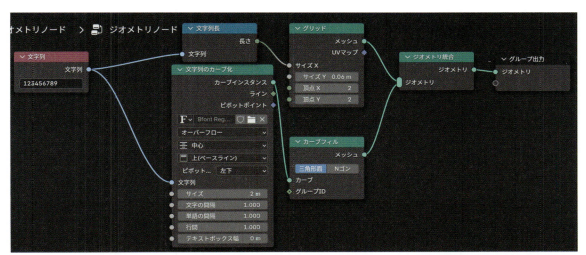

5 インスタンス

インスタンス > ポイントにインスタンス作成 ノードは、オブジェクトプロパティにある [インスタンス化] 機能と同じもので、メッシュ等の頂点の位置に他のジオメトリを複製配置することが出来ます。インスタンスを参照ジオメトリの法線方向へ向けるには、法線を取得できる ジオメトリ > 読込 > ノーマル ノードを ユーティリティ > 回転 > 回転をベクトルに整列（バージョン 4.1 以前は [オイラーをベクトルに整列]）へ繋ぎ、出力を [ポイントにインスタンス作成] の [回転] に繋ぎます。

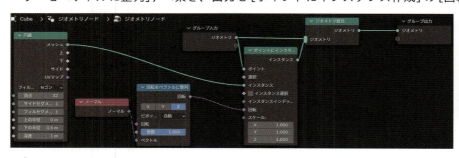 

デュアルメッシュ

メッシュ > 処理 > デュアルメッシュ は、メッシュの頂点と面を入れ替えるため、[ポイントにインスタンス作成] の参照メッシュに使うと、インスタンスの位置を面の位置へ切り替えることが出来ます。

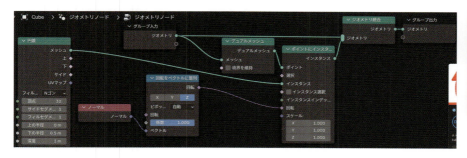 

カーブに沿った文字列

[ポイントにインスタンス作成] を使用すれば、カーブに沿って文字列を配置することも可能です。カーブには文字列の文字数に合わせた頂点数が必要なので、カーブ > 処理 > カーブリサンプル ノードで [数] を文字数分に増やします。[文字列のカーブ化] を [インスタンス] の方に繋ぎ、[インスタンス選択] にチェックを入れます [文字の間隔] に -1 を入力し、揃えを両方とも中にします。

• インスタンス

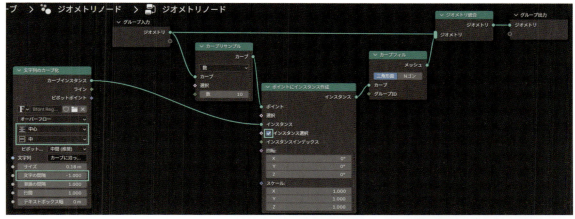

複数ジオメトリのインスタンス化

　複数のジオメトリをポイント上にランダムに配置するには、まずは ジオメトリ>ジオメトリのインスタンス化 ノードで配置したい全てのジオメトリをひとまとめにして[インスタンス]入力につなぎます。[インスタンス選択]にチェックを入れ、ユーティリティ>ランダム値 を[整数]に切替えたものを[インスタンスインデックス]に繋げます。あとはランダム値の[最大]をインスタンスのジオメトリ数-1にすれば良いのですが、これを自動化するため 属性>ドメインサイズ ノードを[インスタンス]へ切替えたものを[ジオメトリのインスタンス化]へ繋ぐことでインスタンスの数を取得し、数式ノードで-1の計算を行い[最大]の値へ繋いでおけば、後からインスタンス数を増減させたとしても手動で[最大]値を入力しなくても済みます。

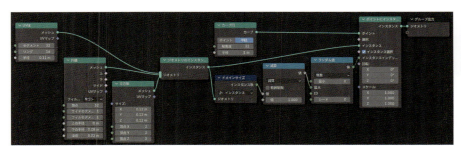

インスタンス実体化

　インスタンスは全て同じ形状の複製であるため、そのままでは［位置設定］ノード等によって個別に変化を加えることが出来ません。これを回避するためには、インスタンスの出力に インスタンス＞インスタンス実体化 ノードを通します。これによりインスタンス複製された形状は通常のジオメトリと同じように扱うことが出来るようになります。

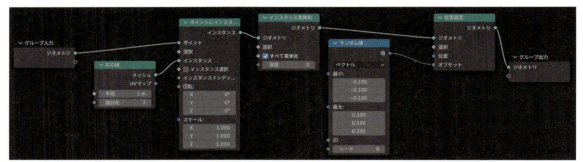

面にポイント配置

　ポイント＞面にポイント配置ノードは、メッシュの表面にランダムにポイントを配置することが出来ます。このポイントはインスタンスの参照頂点として使えるので、メッシュ表面にランダムにインスタンスを配置するといった用途に使えます。

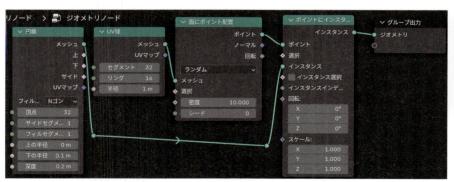

メッシュのボリューム化

メッシュ>処理>メッシュのボリューム化 ノードで、メッシュの形状のボリュームを作ることが出来ます。そこへ ポイント>ボリュームにポイント配置 ノードを使えば、元メッシュの内側を埋め尽くすようにポイントが配置できます。これを利用すれば、メッシュ内側にインスタンスをランダム配置することが出来ます。

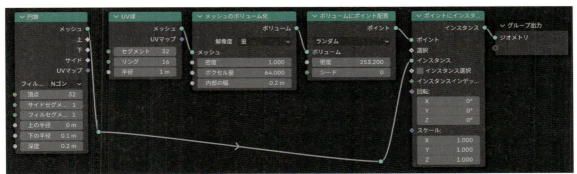

属性

　ジオメトリノードにおける「属性」とは、わかりやすく言えば頂点グループのウェイトと似た概念です。頂点一つ一つにはインデックスや位置、頂点クリース値等のデータが格納されていて、それらを総称して属性と呼びます。また、頂点だけではなく辺にもクリースやシャープ、面にもフラットシェード等、全ての要素に属性が存在します。例えばメッシュに頂点グループが作られている場合、ジオメトリ>読込>名前付き属性ノードを追加し、その [名前] 欄で頂点グループの名前を選択入力すると、その頂点グループのウェイト値を取得することが出来、その数値を元にした変化をジオメトリに加えることが可能になります。

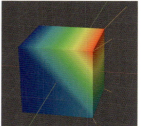

属性キャプチャ

　例えば、カーブオブジェクトの形状に沿って配置したインスタンスに対して、カーブの終点に近いほど影響が大きくなる効果を与えたいといった場合、インスタンス化してしまった後の状態からはカーブの係数が取得できないために、過去に遡って属性を拾ってくるといった操作が必要になります。

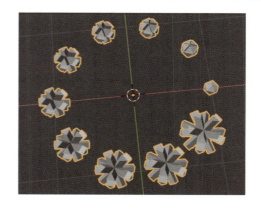

属性＞属性キャプチャ ノードを追加し、属性を拾いたいタイミング（この場合［ポイントにインスタンス作成］の前）のリンクに挟み、拾いたい属性のドメインタイプ（この場合［ポイント］）を選択して空き入力ソケットに拾いたい属性の種類（この場合［スプラインパラメーター］の［係数］）を繋ぎます。その対面の出力ソケットから目当ての属性データが出力されるので、これを繋げることでジオメトリの状態を飛び越えて属性を使用することが出来ます。

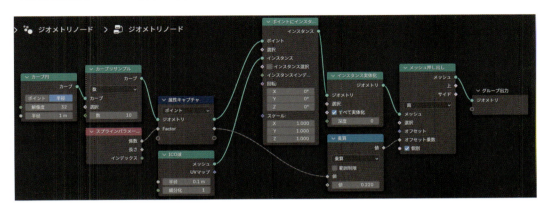

名前付き属性格納

任意の属性をジオメトリに格納することも可能です。属性＞名前付き属性格納 ノードを格納したいタイミングのリンクに挟み、［名前］欄に既存の属性を選択、または新規に任意の名前を入力します。［データタイプ］と［ドメイン］はそれぞれ適したものに切り替えます。Float、ポイントで任意の名前をつけたものは頂点グループウェイトと同じように扱うことが出来、例えばシェーダーノードで入力＞属性 ノードを追加して同じ名前を入力すれば、その属性を呼び出し使用することが出来ます。

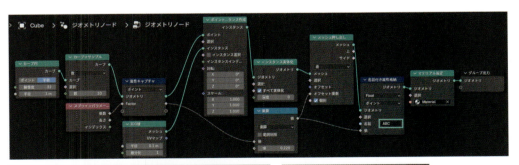

作例その1 モディファイア再現

　ここでジオメトリノードの理解を深めるために、既存のモディファイアをジオメトリノードで再現するとしたらどうなるか、の作例をご紹介していきます。ジオメトリノードはモディファイアよりも柔軟性を持たせることが出来るので、実際に役に立つこともしばしばあります。

配列

　メッシュ>プリミティブ>メッシュラインノードは、[数]に入力した数だけ頂点数を持つ一直線のメッシュ辺を作ることが出来ます。これを[ポイントにインスタンス作成]の参照ジオメトリとすれば、一直線に複数個インスタンスを作ることが出来ます。

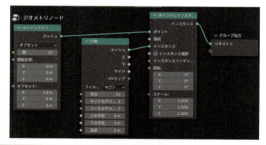

ベベル

　ベベルには[辺]と[頂点]の二種類ありますが、両者とも ジオメトリ>処理>凸包ノードを使用します。[凸包]ノードは、ジオメトリの形状を包み込むような一枚の多面体を作成するノードです。メッシュ>処理>辺分離 を通したメッシュは[選択]した辺（何も[選択]していなければ全ての辺）を切り離し独立させます。

　そうしてから、メッシュ>処理>要素スケール でサイズを縮小すると各要素ごとを中心として縮小されるため、結果として面同士の距離が離れることになります。それに対して[凸包]を通すと、まるで辺ベベルしたかのような結果が得られます。ベベルの幅は[要素スケール]の[スケール]の値で調整できます。

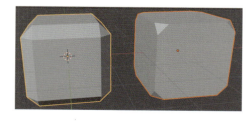

また、頂点ベベルの方は メッシュ>処理>メッシュのカーブ化 で一旦カーブによるワイヤーフレーム化したものに[カーブのメッシュ化]を使ったものに対して[凸包]を行います。[断面カーブ]とした[四角形]のサイズの調整でベベルサイズを変えることが出来ますが、そのままだと全体の大きさが変わってしまうので事前に[位置設定]ノードによって法線移動させておきます。その移動距離を[四角形]のサイズ-1とするため、入力>定数>値 を数式ノードで-1掛けたものをユーティリティ>ベクトル>ベクトル演算(スケール)でノーマルと掛け合わせたものを[位置設定]ノードの[オフセット]に繋ぎ、同じ[値]を[四角形]の[幅][高さ]に繋いでしまいます。この[値]によって頂点ベベルのサイズを変えることが出来るようになります。[凸包]への入力を、ユーティリティ>スイッチ ノードで辺・頂点両方のベベルの結果を繋げることで、[□スイッチ]のチェックボックスによって辺・頂点を切り替えることが出来るようになります。ただしこれらは[凸包]を利用しているため、構造に凹が少しでもあると破綻します。

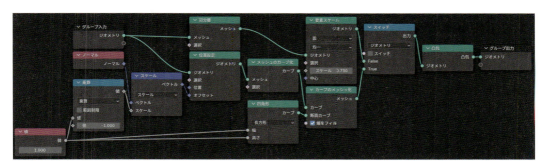

ビルド

ジオメトリ>処理>ジオメトリ削除(面)ノードによって再現できます。[インデックス]ノードを ユーティリティ>数式>比較(大きい)に繋げその出力を[選択]に繋げることによって[比較]の[B]の値でビルドの進行を制御できる他、[インデックス]と[大きい]の間に ユーティリティ>ランダム値(整数)ノードを挟むことによってビルド進行のランダム化を再現することも出来ます。[ランダム値]の[最大]は入力ジオメトリの面数に合わせておかなくてはなりませんが、属性>ドメインサイズノードをジオメトリの出力から繋いで、その[面数]の出力を利用すれば[最大]値を自動入力できます。

デシメート

[束ねる]であれば、単純に ジオメトリ＞処理＞距離でマージ ノードのみで再現可能です。

辺分離

メッシュ＞処理＞辺分離 ノードが同じ機能を持ちますが、一定以上の角度に限定するなら メッシュ＞読込＞辺の角度 の[符号なし角度]を[比較]（大きい）ノードに繋ぎ、その出力を[選択]入力につなぎます。また、[シャープな辺]にも対応させるには、[名前付き属性]ノードを[ブーリアン]に切り替え、[名前]に「sharp_edge」と入力して[選択]に接続します。この両者とも使えるようにするには、ユーティリティ＞数式＞ブール演算 ノードを追加し、[Or]に切り替えて両者を繋ぎます。

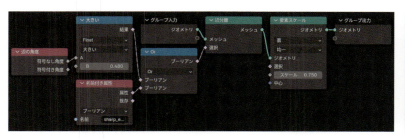 

マスク

[名前付き属性]で頂点グループを呼び出し、[比較]（大きい）ノードで絞った結果を[ジオメトリ削除]の[選択]として使用します。

■作例その1 モディファイア再現

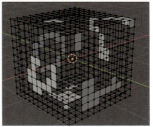

ミラー

　単純に、[ジオメトリトランスフォーム]で[スケール：]のXを-1にしたものを[ジオメトリ統合]で元のジオメトリと統合してしまえば良いのですが、反転させたメッシュは面の向きも反対を向いてしまっているため、メッシュ>処理>面反転 ノードを挟んでおきます。そして最後に[距離でマージ]により両者を結合しておきます。[クリッピング]や頂点グループ名を反転させたりする機能は再現できないため、モディファイアの代わりにこちらを使う機会はあまりないかもしれません。

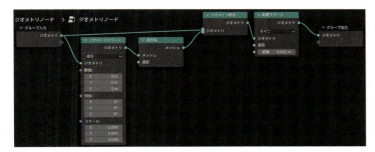

リメッシュ

　メッシュ>処理>メッシュのボリューム化 ノードで、メッシュの形状のボリュームを作ることが出来ます。更に ボリューム>処理>ボリュームのメッシュ化 では逆にボリュームの形状でメッシュを作ることが出来ます。これによりリメッシュとほぼ同じような効果を得ます。

スクリュー

シェーダーノードの方で触れた、極座標系への座標変換を利用します。カーブ＞プリミティブ＞カーブライン ノード（ポイント）を［カーブリサンプル］によって頂点数を増やしたものに対して、［位置設定］を利用してまずは螺旋状のカーブを作ります。［位置］ノード、ユーティリティ＞ベクトル＞XYZ分離 ノード、［数式］ノード、ユーティリティ＞ベクトル＞XYZ合成 ノードを使用して、

$x = r \sin\theta$
$y = r \cos\theta$
$z = a\theta$

という式を作ります。aの値がZ軸方向のオフセットになります。［カーブライン］ノードの［開始］と［終了］にも［XYZ合成］を繋いで、軸別に制御できるようにしておきます。元カーブのXの長さが2πとなるとスクリューの一周になるので、わかりやすくするため［ラジアンへ］（数式ノード）をXの入力として360で一周するようにしておき、これがθ（円周）の入力値となります。

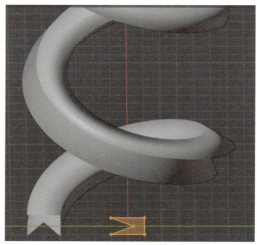

Yの値は一つの［値］ノードから取るようにし、これがスクリューのr（半径）になります。あとは［カーブのメッシュ化］により［グループ入力］を［メッシュのカーブ化］したものを［断面カーブ］とすれば、メッシュの形状でスクリューが作られるようになります。

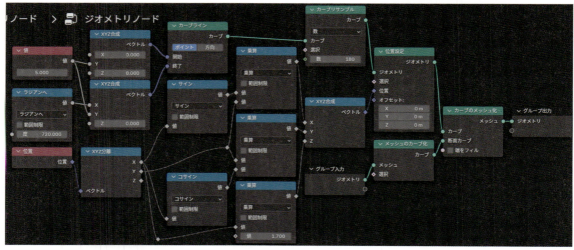

ソリッド化

　［メッシュ押し出し］したメッシュと、元のメッシュを［距離でマージ］することによって厚みのついたメッシュを得ます。ただしそのままだと元のメッシュの面が逆を向いてしまうので、［面反転］を通しておきます。［オフセット乗数］による調整では法線方向にしか移動させられないので、元メッシュを逆方向へ0.5掛けで移動させておくことで、元のメッシュを中心とした厚み付けとなるような工夫を加えます。［オフセット乗数］と共有した［値］に対して数式ノードで-0.5を掛け、それを［ノーマル］と［ベクトル演算］（乗算）により掛け合わせたものを、元のメッシュに対する［位置設定］の［オフセット］とします。

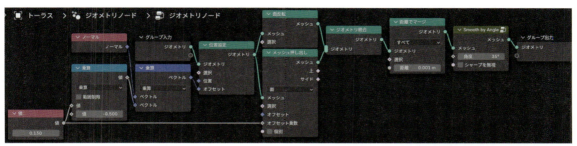

ブーリアン、サブディビジョンサーフェス、三角面化、ボリュームのメッシュ化、溶接

　これらは単体で実現できるジオメトリノードが用意されています（［溶接］は［距離でマージ］）。

ワイヤーフレーム

[メッシュのカーブ化] を行った後に [カーブのメッシュ化] で似たような状態にすることは可能です。ただし角の接続に対応できないので、完全な代替とはいきません。

キャスト（シュリンクラップ）

1️⃣ シュリンクラップを利用して再現したいので、まずはシュリンクラップのノードから作る必要があります。

メッシュ > サンプル > 最近接表面サンプル ノードは、各頂点に一番近い面の属性を取得できるノードです。ここでは位置座標を取得したいので、[データタイプ] を [ベクトル] に切替え、[位置] ノードを [値] に繋げます❶。

出力の [値] を [位置設定] ノードの [位置] へ接続すれば、この [ジオメトリ] に繋げたメッシュが [最近接表面サンプル] に繋げたメッシュに張り付くようにシュリンクラップされます❷。

元の形状からシュリンクラップされた形状へ連続的に変化させたいので、ユーティリティ > ベクトル > ベクトルミックスノードを追加して、[A] の方に [位置] ノードを直接つなぎ、[B] の方に [最近接表面サンプル] の出力を繋ぎ、その [結果] を [位置設定] の [位置] に繋げば [係数] によって元の座標とシュリンクラップの座標を割合で行き来することが出来ます❸。

これらをノードグループ化すれば、シュリンクラップとしての機能を持つノードグループの完成です。

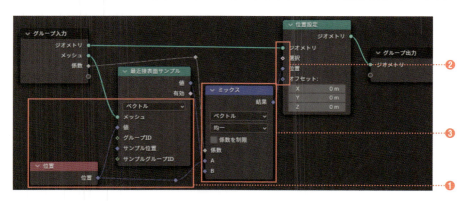

222

■ 作例その1 モディファイア再現

2️⃣ これをUV球に対して行えば球キャストが出来るのですが、この球のサイズは入力ジオメトリのサイズと一致していなければいけません。属性＞属性統計 ノードを使用すると、接続したジオメトリの様々な情報を取得することが出来ます。データタイプを[ベクトル]に切替えて[位置]ノードを[属性]入力に繋げます❶。
　すると[範囲]出力からXYZ軸それぞれの幅を取得できるので、その範囲を仮想的な立方体とした場合の外接円の半径を導くため

$$0.5\sqrt{2}$$

を掛けて[UV球]の[半径]へ繋げます❷。
　円柱の場合は

$$0.25(X+Y)$$

を半径に、Zを深度とします❸。
　直方体の場合は範囲出力を直接[サイズ]に接続します❹。
　球／円柱／直方体 を切替えられるようにするため、それら三出力を ユーティリティ＞インデックススイッチ ノードの入力に全て繋げ、出力を[グループ出力]に繋げます❺。
　こうすることで[インデックス]の値の切替（0〜2）で 球／円柱／直方体 を切り替えられるようになります（更にスマートな方法をP228に掲載しています）。

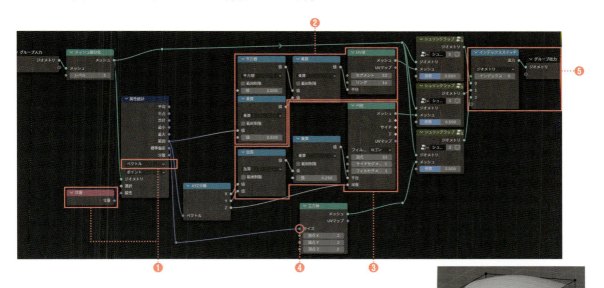

ディスプレイス

　［位置設定］ノードを使い、［ノーマル］ノードの出力を［ベクトル演算］（スケール）に繋げ、その［スケール］入力に［ノイズテクスチャ］等のテクスチャ画像を繋ぎ、［ベクトル］出力を［オフセット］に繋げればその画像の明度に従って入力ジオメトリが法線方向に移動します❶。
　このテクスチャに［減算］ノードを繋げれば、その下の［値］で［中間レベル］を再現でき、その後に［乗算］を繋げれば下の［値］で［強さ］を再現します❷。
　また、［方向］をノーマル以外にしたい場合、［XYZ合成］ノードを［オフセット］に繋ぎそのXYZそれぞれの入力のどれに［乗算］出力を繋げるかでXYZ方向を決定できます❸。
　［頂点グループ］を再現するには［名前付き属性］で頂点グループ名を呼び出し、［乗算］で掛け合わせます❹。

波

　［位置］ノードの出力を［長さ］（ベクトル演算）に繋げた出力を［積和算］で調節し、［サイン］を通した結果を［累乗］で2の倍数を指数としたものを［乗算］し、［XYZ合成］の［Z］に繋いでその出力を［オフセット］とした［位置設定］ノードで入力ジオメトリを変形させます。二つ目の［乗算］で波の［高さ］を、［積和算］の［乗数］や［累乗］で［幅］や［狭さ］を再現します。［積和算］の［加算］で時間オフセットを制御し、［モーション］XYの切替は［長さ］の代わりに［XYZ分離］のXY出力を繋げることで再現します。

作例その2 座標変換

シェーダーノードと同じように、ノードで式を作ることにより座標変換が可能です。

円座標

$x = r \sin \theta$
$y = r \cos \theta$

で円座標への変換を行います。重なり無いように変換するには、変換前のメッシュは全て x + y + にある必要があり、ちょうど一周の円を作るにはxの長さが0から2πにわたる必要があります。yの高さが半径になります。

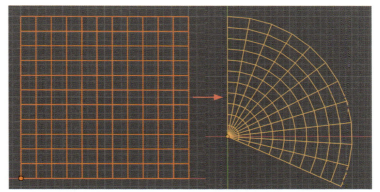

円柱座標

$x = r \sin\theta$
$y = r \cos\theta$
$z = h$

で円柱座標への変換を行います。

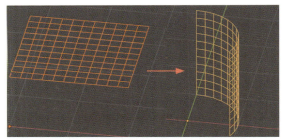

球座標

$x = r \sin\theta \cos\phi$
$y = r \sin\theta \sin\phi$
$z = r \cos\theta$

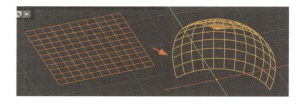

で球座標への変換を行います。完全な球にするにはxの長さが0から2πにわたり、yの長さが0からπにわたる必要があります。zの高さが半径になります。

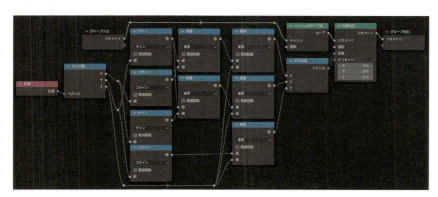

逆円座標

極座標から直交座標への逆変換も可能です。

$r = \sqrt{x^2 + y^2}$
$\theta = \text{sgn}(y) \arccos\left(\dfrac{x}{\sqrt{x^2 + y^2}}\right)$

で円座標から直交座標への変換になります。

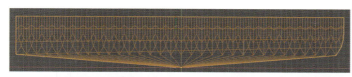

逆円柱座標

$r = \sqrt{x^2 + y^2}$
$\theta = \text{sgn}(y) \arccos\left(\dfrac{x}{\sqrt{x^2 + y^2}}\right)$
$h = z$

で円柱座標から直交座標への変換になります。

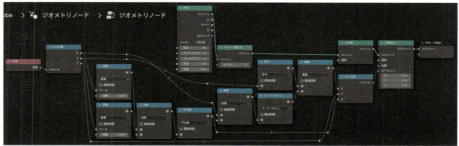

逆球座標

$r = \sqrt{x^2 + y^2 + z^2}$

$\theta = \arccos\left(\dfrac{z}{\sqrt{x^2 + y^2 + z^2}}\right)$

$\phi = \text{sgn}(y) \arccos\left(\dfrac{x}{\sqrt{x^2 + y^2}}\right)$

で球座標から直交座標への変換になります。

> **Memo**
> キャストモディファイア（球）は、メッシュのある空間を球座標空間と見立てたときに、各頂点のr（半径）の平均値を取った位置に近づけるという操作に他なりません。そこで、平均を取ることが出来る [属性統計] ノードを利用して、一旦空間を直交座標へ変換することでzをrとして扱えるようにした上で、z値のみを通常座標と係数で合成出来るようにし、再び球座標へ戻すノードを組み、それを [位置設定] の [位置] へ繋ぎます。合成には [ベクトルミックス] の係数モードを [非均一] で使うことによってZ値のみを調整することが出来ます。図の各ノードグループは、前述の座標変換ノードの変換式部分のみ（[XYZ分離] から [XYZ合成] まで）をグループ化したものです。こちらの方法であれば、参照球メッシュの解像度を気にする必要がないのでよりスマートなのではないかと思います。同じ考え方で円柱キャスト、直方体キャストも可能ではありますが、かなり複雑化してしまうので割愛いたします。

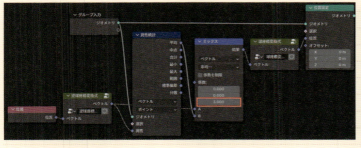
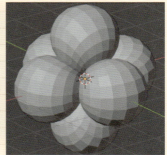

ジオメトリノード XY ループ

シェーダーノードの方でご紹介したXYループノードは、やはりなにかと便利なのでジオメトリノードの方でも作っておくことをおすすめします。計算式は同一で

x' = sin x
y' = sin y
z' = cos x
w = cos y

となります。

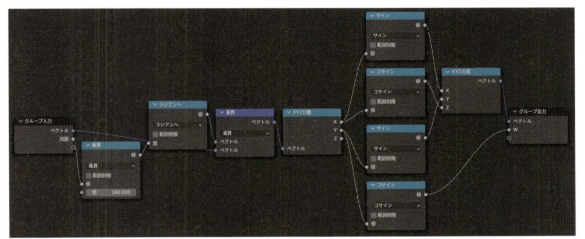

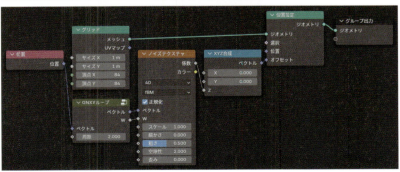

カーブ端半径

座標変換といえるかは微妙なところですが、スプラインの係数を元に端の太さを決定する変換式を作っておくと便利です。

$1 + b - (((-c + 2)x - 1)^2 n)$

$\sqrt{1 + b - (((-c + 2)x - 1)^2 n)}$

の二つの式をaの割合でミックスしています。xはスプラインの係数を表し、aで丸み、bで底上げ、cで傾き、nで指数（×2）を制御します。

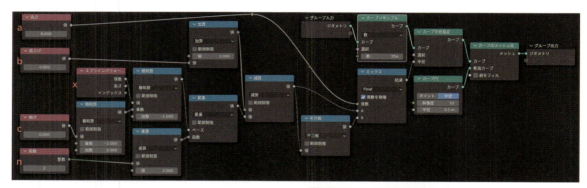

丸さ1
底上げ1
傾き1
丸さ1　指数10

螺旋

原点から真っ直ぐXY平面上のどこかへ伸びるカーブを[位置設定]ノードに繋ぎ、その[位置]にユーティリティ>ベクトル>ベクトル回転 ノードを繋ぎます。その[ベクトル]入力には[位置]ノードを繋ぎ、[タイプ:]は[Z軸]にしておきます。

そして[位置]ノードから[長さ]（ベクトル演算）を通し、[除算]（数式ノード）

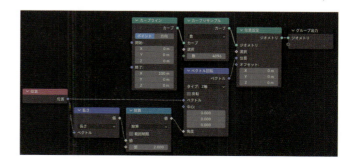

も通したものを[角度]に繋げると、代数螺旋（アルキメデス螺旋）を作ることが出来ます。

これは、[角度]入力がθ（円周）、[長さ]がそのままr（半径）を意味するため、

$$\theta = \frac{r}{a}$$

という代数螺旋の式を再現していることになります。

対数螺旋の式は次のように表されます。

$r = ae^{b\theta}$

この式をθに付いて解くと、

$$\theta = \frac{1}{b}\log\left(\frac{r}{a}\right)$$

となります。

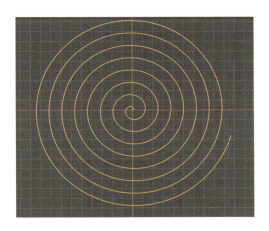

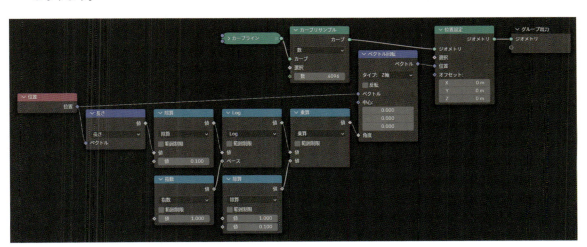

黄金螺旋にbが

$$\frac{2\log(\phi)}{\pi}$$

の場合を指します。

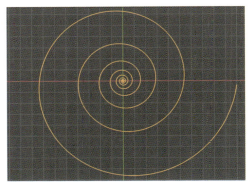

φは黄金比

$$\frac{1+\sqrt{5}}{2}$$

を指します。これをθについて解くと

$$\theta = (\log(r) - \log(a)) \frac{\pi}{2\log(\phi)}$$

となります。

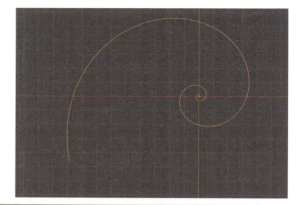

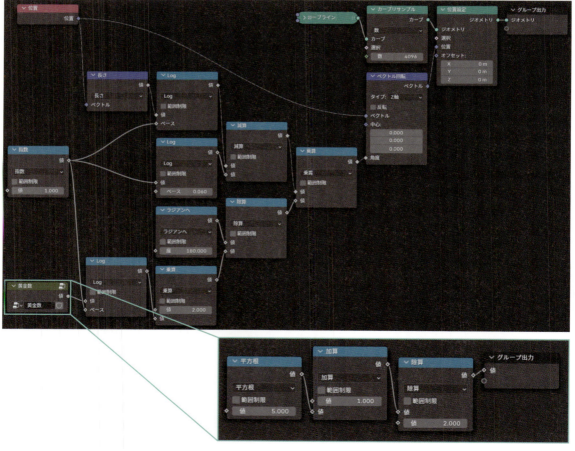

作例その3 ジェネレーター

頻繁に作ることになるような小物や大道具は、少しのパラメーター調整で簡単に作れるようにジオメトリノードで組んでおき、管理しやすいよう一つのノードグループとしてまとめてしまうと非常に便利です。「こんなのがあったらいいのに」と思いついたら即その場でオリジナルなノードグループを作ってしまえば、その後同じようなものが必要になったときにとても効率的に作れてしまいます。

階段

メッシュ＞プリミティブ＞メッシュライン ノードをX＋1m、Z＋1mに伸びるように作っておき、［位置設定］ノードの［オフセット］に［乗算］（ベクトル演算）を繋ぎます。［インデックス］ノードを［剰余］（ベクトル演算）でX2、Y1、Z2、とすることで、XとZを2で割った数の余りとすることができます。

インデックスは整数なので、この組み方をすればインデックスのXとZで偶数の場合を0、奇数の場合を1という数列に変換することが出来ます（Yはこの場合必要ありませんが、0除算すると都合が悪いので1としておきます）。それを［乗算］（ベクトル演算）でX1、Y0、Z-1とすれば、インデックスが奇数の頂点のみX＋1移動し、Z-1移動することになります。これで、階段状が完成します。

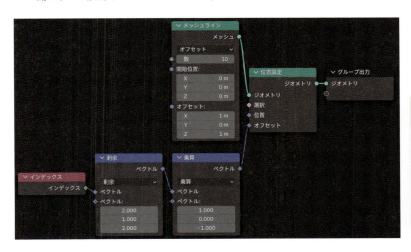

階段の段数と、各段の縦横の長さの調整が楽に行えるように最後に［ジオメトリトランスフォーム］を接続しておきます。この［スケール］入力に［XYZ合成］を繋げておきます。また、［メッシュライン］ノードの［数］にも入力＞定数＞整数ノードを接続しておきます。最後に、［整数］と［XYZ合成］を除く全てを選択してグループ化します。

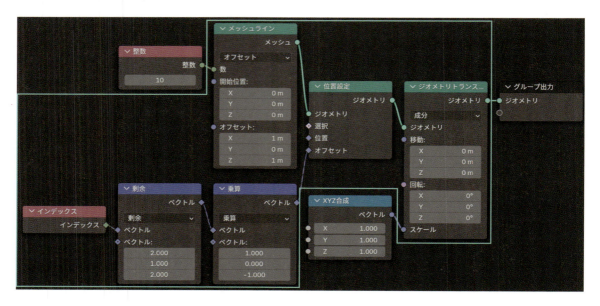

　扱いやすいようサイドバー（Nキー）のグループタブで、グループの名前を「階段」のような分かりやすい名前にし、グループソケットの名前もダブルクリックでわかりやすく「段数」のように変えてしまいます。

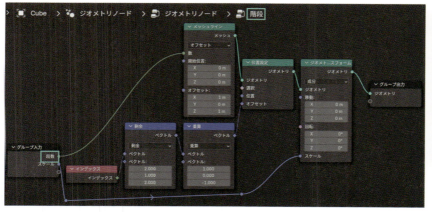

■ 作例その3 ジェネレーター

こういったものを一度作ってしまえば、その後は「段数」「スケール」を入力するだけで簡易的な階段を即作ることが出来るようになります。あとはこれに[メッシュ押し出し]でY軸方向に辺を押し出す等の加工を加えたりと、他のノードに組み込むような使い方が可能です。

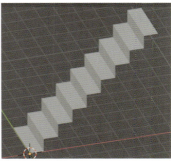

相互配置

縦横真っ直ぐに整然と並んだジオメトリを作るには、メッシュ>プリミティブ>グリッド ノードを参照ジオメトリとした[ポイントにインスタンス作成]をすればいいだけなので非常に簡単です。

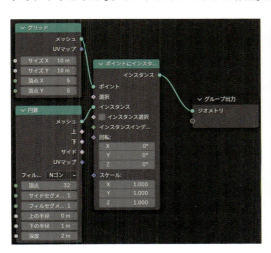
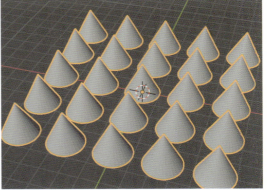

それに対して、相互に（斜めに）配置されつつ全体的には四角く区切られている状態は少し難易度が上がります。一つの方法として、［グリッド］を二重に重ね合わせ片方を少しずらすというものが考えられます。
　［グリッド］を［ジオメトリ統合］で片方は［ジオメトリトランスフォーム］を挟んだものと統合し、その［移動］に［XYZ合成］を繋げます。［グリッド］の［サイズ］に繋げた［値］を［頂点］に繋げた［整数］から1引いたもので［除算］し、2で［除算］したものを［XYZ合成］のXとYに繋げることでマス一つの半分の距離を右上に移動させます。あとはインスタンス用に繋げたジオメトリ（円錐）と、［値］と［整数］を除いた全てを選択してグループ化します。

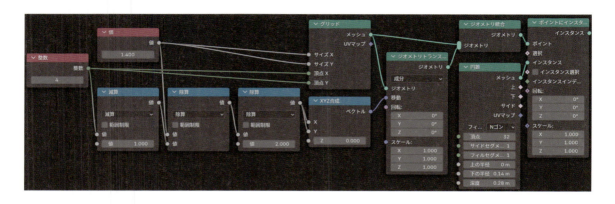

　ちょっとしたことですが、頻繁に同じような作業をしなければいけなくなると予想出来るようなものはこうして少しのパラメーターの入力だけで済ませられるようのしておくと全体的な効率向上に繋がります。

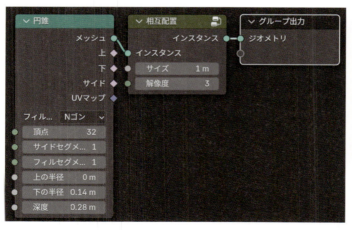

溶接痕

二つのジオメトリが重なり合ったエッジに対して溶接した痕のようなものを自動的に付加するノードを作成します。

3Dビューポート上にはジオメトリノードを作るオブジェクトと、重ねる対象となるオブジェクトの二つを用意しておきましょう（両立方体の位置はオブジェクトモードではなく編集モードでずらしています）。

1 入力＞シーン＞オブジェクト情報 ノードを追加し、その[オブジェクト]入力ソケットを、最初から用意されている[グループ入力]ノードの空きソケットに接続してみましょう❶。

するとプロパティエリアのモディファイアタブで、アクティブなジオメトリノードモディファイアのパネル内に今接続した[オブジェクト]の項目が増えていることが確認できます。

ここには対象となるもう一つのオブジェクトの名前を選択入力しておきます❷。

実はこれまでノードの作成をしていた場所もノードグループのひとつの階層にすぎず、この中で作っていたノードグループは純粋な入れ子構造であったといえます。トップレベルの階層で[グループ入力]ノードのソケットに繋いだ項目は、このようにモディファイア管理パネルに現れます。

モディファイアのひとつのように見えていますが、もちろんノードグループでもあるので別のジオメトリノードを作成すればノードエディタ内で Shift + A ＞グループ カテゴリ内から呼び出すことも可能です。

2⃣ 話を戻して溶接痕の作成を続けます。メッシュ＞処理＞メッシュブーリアン ノードを［交差］に切り替えたものを追加し、入力ジオメトリと今追加した［オブジェクト情報］の［ジオメトリ］ソケットを［メッシュ］入力に繋げます❶。

　するとこの両者がブーリアンによって接続された形が出力されます。

　ブーリアン後のメッシュが極力綺麗になるように、ソルバーは［正確］に、出力を［距離でマージ］しておきます❷。

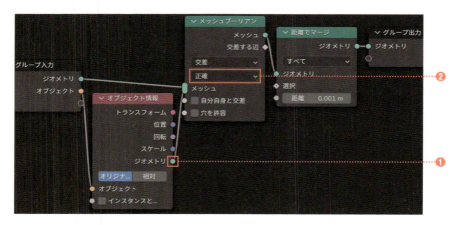

3⃣ その出力を［メッシュのカーブ化］に繋げ、その［選択］には［メッシュブーリアン］の［交差する辺］の出力を繋げると、両者の交差する辺のみをカーブ化することが出来ます❶。

　［カーブリサンプル］を通し、その［数］は［グループ入力］の空きソケットに接続しておきます。

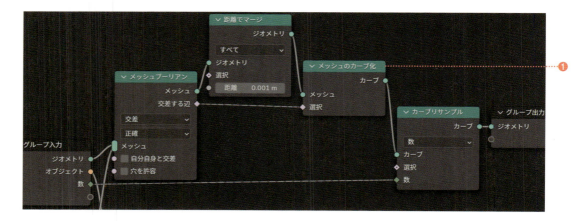

4⃣ 出力には［カーブ半径設定］を接続し、［半径］に［ランダム値］を接続します。その［最小］［最大］［シード］も［グループ入力］に接続しておきます❶。

　［カーブ半径設定］の出力に［カーブのメッシュ化］を接続し、［断面カーブ］には［カーブ円］を接続してその［解像度］［半径］も［グループ入力］に接続しておきます。

　図では、見やすさのため既出のノードを H キーで折りたたんでいます。

238

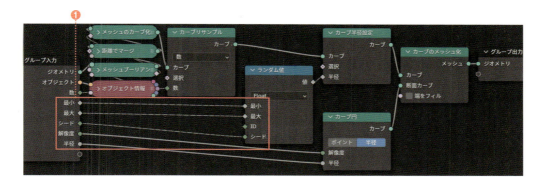

5 あとは溶接痕にマテリアルも設定しやすくするため、出力に [マテリアル設定] ノードも接続しておき、その [マテリアル] も [グループ入力] に接続しておきます❶。

最後に [ジオメトリ統合] によってこれと素の状態のジオメトリを統合し、出力を [グループ出力] へ繋げます❷。

モディファイアパネル内のパラメーターによって、溶接痕の最小太さや最大太さ、凹凸の数、解像度、元の半径やランダムのシード値、そして対象オブジェクトと適用するマテリアルが選択できるノードの完成です。

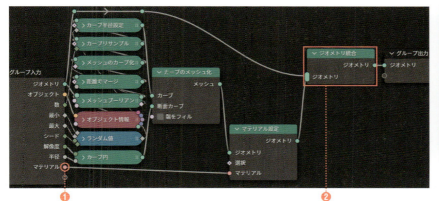

縁取り

縁取りはP221で作成したソリッド化ノードをそのまま流用します。

1. テキストオブジェクトはメッシュ扱いとなるので、メッシュオブジェクト用のジオメトリノードはそのまま使用可能です。［メッシュ押し出し］の［オフセット乗数］と［乗算］の上の値は［グループ入力］の空きスロットに接続しておきます❶。

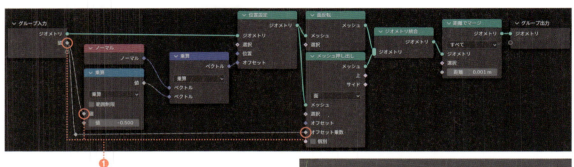

2. その結果に更に［メッシュ押し出し］を新規追加して接続し、その［選択］にはひとつめの［メッシュ押し出し］の［サイド］を接続します❶。

　こちらの［オフセット乗数］も［グループ入力］へ接続しておきます❷。

　両［メッシュ押し出し］共に［☐個別］のチェックは外しておいてください。

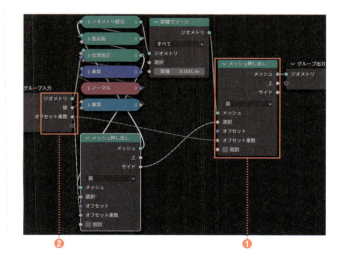

■ 作例その3 ジェネレーター

3 その結果を［位置設定］に接続し、［オフセット］には［乗数］（ベクトル演算）を接続してその上のベクトルには［位置］を、下のベクトルには［XYZ合成］を接続し、そのZを［グループ入力］へ接続しておきます❶。
［選択］には［メッシュ押し出し］の［上］から繋げることで、押し出した部分だけのZ高さを調節できるようにしておきます❷。

　更に結果には［マテリアル設定］を接続し、［選択］には［メッシュ押し出し］の［上］と［サイド］を接続した［Or］（ブール演算）を接続することによってフチ部分のみ別のマテリアルを適用できるようにしておきます❸。

　［マテリアル］入力ソケットは［グループ入力］に接続しておき、モディファイアパネルからも入力できるようにしておきます❹。

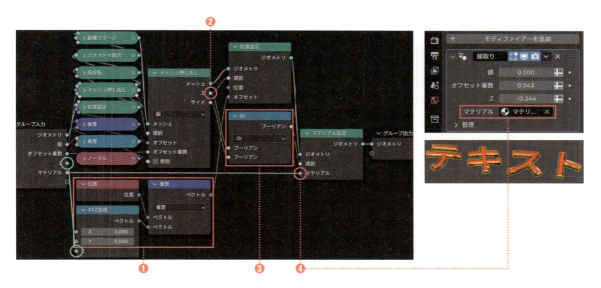

矢印

　カーブオブジェクトに沿って変形する矢印を作成します。先に構造を説明すると、カーブに沿った筒と先端の三角柱を別々に作り、最後にブーリアンで合成します。

241

1 筒状の方は非常に簡単で、［カーブのメッシュ化］の［断面のカーブ］の方を［四角形］(カーブプリミティブ)とするのみで、その［幅］と［高さ］は［グループ入力］に接続しておきます❶。

デフォルトでスムーズシェードがかかってしまうので、ノーマル>角度でスムーズ ノードを追加し、角度を89°としておきます❷。

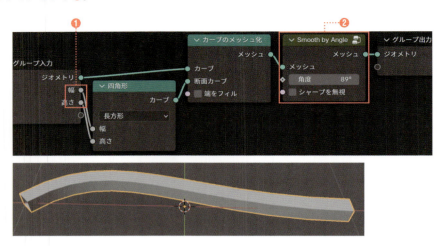

2 三角柱の方は、まずカーブジオメトリに［カーブのポイント化］を接続し、［数］を2としておきます❶。

こうすることで、カーブの始端と終端のみにポイントが作られます。これを［ポイントにインスタンス作成］の参照ジオメトリとし、両者の［回転］ソケット同士を繋げます❷。

［インスタンス］の方には、［ジオメトリトランスフォーム］でXYをそれぞれ90°回転させた［円柱］(メッシュプリミティブ)を接続します❸。

［頂点］を3にして［フィルタイプ］を［Nゴン］にすることで三角柱を作り、［深度］は［四角形］(カーブプリミティブ)の［高さ］を接続したのと同じ入力ソケットに繋げます❹。

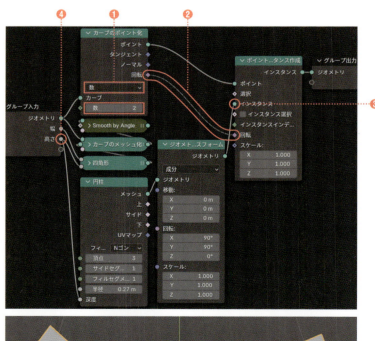

■ 作例その3 ジェネレーター

3 ［ジオメトリトランスフォーム］の［スケール］も［グループ入力］に繋いでおき、三角柱のサイズを自由に変更できるようにしておきます❶。

このままでは始端と終端の三角柱が同じ方向を向いてしまうので、［インデックス］を追加して数式ノードで180を掛けて［ラジアンへ］変換することで、終端のみπの数値を出力し、それを［XYZ合成］のXに繋ぎます❷。

［回転］ソケット同士を繋いでいるリンクの間に ユーティリティ＞回転＞回転を回転 ノードを挟み、［ローカル］に切り替えて［回転する角度］に［XYZ合成］の出力を繋げます❸。

最後に、［メッシュブーリアン］で両者を合成しますが、ソルバーは［正確］にしておいたほうが良いかもしれません❹。

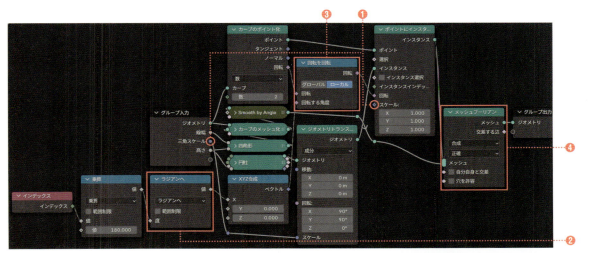

4 始端終端両方に矢印が付いている状態なので、表示非表示を自由に切り替えられるような仕掛けを施します。［インデックス］から［比較］（同じ）を二つ繋ぎ、両者とも［整数］に切り替え片方のBを0、もう片方を1とします。両者ともを ユーティリティ＞スイッチ ノードの［ブーリアン］に切り替えたものの［True］に繋ぎ、それぞれの［スイッチ］ソケットを［グループ入力］に繋ぎます❶。

あとは両方の出力を［Or］（ブール演算）に繋いで［ポイントにインスタンス作成］の［選択］に繋げば、モディファイアパネルのチェックボックスのON OFFで矢印の表示非表示を切り替えることが出来るようになります❷。

あとはマテリアルも設定しやすくするよう、最後に［マテリアル設定］ノードを繋ぎ、［マテリアル］ソケットも［グループ入力］に繋いでおきます❸。

※図では、既に説明済みの部分をノードグループにまとめてしまっています。

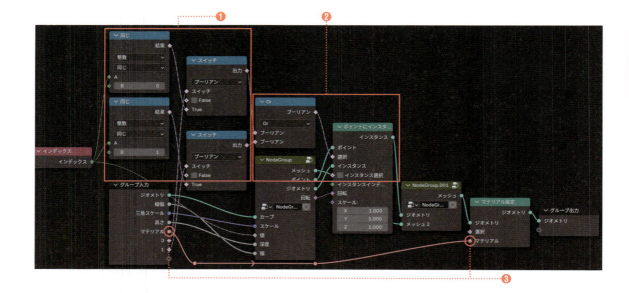

端丸シリーズ

　角や縁が丸い形状はデザインの分野で非常に多用することになるので、ジオメトリノードで簡単に作ってしまえる仕組みを作っておけば、大幅に効率を上げることができます。

中心分離

　メッシュを中心で上下に切り離すにはどうすればいいかを考えてみましょう。

1　[位置]ノードを[XYZ分離]し、Zを数式ノードの[符号]（[範囲制限]チェック）に通すと、上半分の頂点を1、下半分を0とする値が出力されます❶。

　それを メッシュ > 読込 > 面グループ境界 ノードに通すと、中心で上下に分ける境界線が選択された状態になります。それを[辺分離]の[選択]へ繋げれば、その境界線で分離されます❷。

　問題はそれらの距離をどう離すかですが、これは メッシュ > 読込 > メッシュアイランド ノードが使えます。これは非接続に独立したメッシュ単位でインデックスを付けてくれるもので、それぞれの島で0、1とインデックスが付けられているはずなので、[積和算]で-0.5、0.5となるように計算させ、距離をコントロールできるように[乗算]ノードを通して[XYZ合成]ノードのZに繋ぎ、出力を[位置設定]の[オフセット]に繋ぎます❸。

　[乗算]の下の[値]は[グループ入力]に繋いでおけば離す距離をグループの表から制御できます。

244

■ 作例その3 ジェネレーター

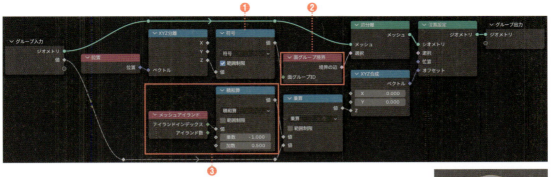

2 更にそれをXYZ全軸に対応できるよう汎用性をもたせます。そういった用途には、ユーティリティ＞インデックススイッチ ノードが使えます。［XYZ分離］から［符号］へ繋いだリンクの間に［インデックススイッチ］（Float）を挟み、各X、Y、Zを0、1、2へ繋ぎ［インデックス］入力を［グループ入力］へ繋ぎます❶。

［位置設定］の［オフセット］へ繋いだ［XYZ合成］は三つに増やし、［乗算］からの接続をそれぞれX、Y、Zにしたものを［インデックススイッチ］（ベクトル）の0、1、2へ繋ぎます❷。

そして［インデックス］入力は一つ目の［インデックススイッチ］の［インデックス］と同じソケットへ繋ぎ、［出力］を［オフセット］へ繋ぎます。0でX、1でY、2でZに対応した中心分離が可能になります❸。

そこで動かしてみると気づくのですが、［メッシュアイランド］によって付けられるアイランドインデックスは、状況によってどちらが0になるか1になるかが安定しないため、離す距離が逆になってしまう場合があります。

それを防ぐため、インデックスを位置によってソートする仕組みを付け加えます。ジオメトリ＞処理＞要素ソート ノードを［位置設定］前に挟み、［ウェイトでソート］ソケットに［位置］ノードの出力を繋げます❹。

これだと全て欲しい方向とは逆になってしまうので、［積和算］を［減算］0.5へ変更します❺。

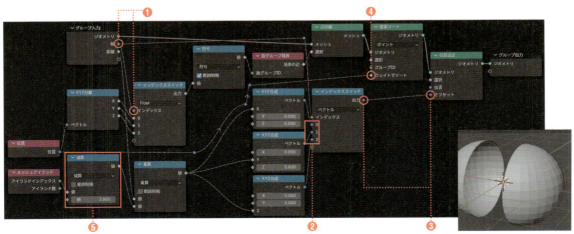

245

端丸棒

　中心分離ノードを作っておいてしまえば、端が丸い形状が非常に作りやすくなります。[UV球]をZ軸で中心分離させ、それと[円柱]を[ジオメトリ統合]したものを[距離でマージ]させます。

　中心分離の距離と[円柱]の[深度]を一致させ、[UV球]の[セグメント]と[円柱]の[頂点]、両方の[半径]も一致させるように[グループ入力]へ繋ぎます。[UV球]の[リング]や[円柱]の[サイドセグメント]も[グループ入力]へ繋いでしまえば全パラメーターをモディファイアパネルで制御できるようになりますが、[リング]は奇数だと接続が破綻してしまうため、[スナップ](数式ノード)を増分2で挟んでおくことで偶数に限定させます。

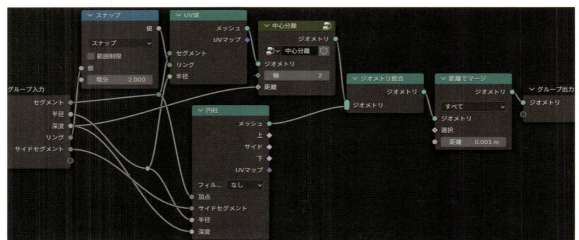

✅ POINT

　ノードグループ化していたノード群は、ヘッダーメニューの ファイル>アペンド から、そのノードグループが保存されている .blend ファイルを開き、[NodeTree]ディレクトリから読み込むことが出来ます。

246

■ 作例その3 ジェネレーター

端丸柱

立方体と、円柱を中心で分離させたものを組み合わせ、端が丸い柱体を作成します。

❶ [立方体]の方は、左右の面が不要なので[ジオメトリ削除](面)の[選択]に[ノーマル]Xの[絶対値]を0.1より[大きい]に限定した値を渡します❶。

[円柱]はX軸で中心分離させ、両者を[ジオメトリ結合]させて[距離でマージ]します❷。

サイズや分割数を自由に設定できるようにするため、[立方体]の[サイズ]は[XYZ合成]を通したうえで全パラメーターを[グループ入力]に繋げます❸。

この際、もちろん共通となるパラメーターは同じ入力ソケットに繋げますが、いくつか注意点があります。[円柱]の[頂点]は4の倍数でなければ接続が破綻するため[スナップ]の[増分]4としたものを繋げます❹。

[円柱]の[サイドセグメント]と[立方体]の[頂点Z]は共有できますが、[サイドセグメント]の方は1マイナスする必要があります。[円柱]の[半径]と[立方体]の[サイズ]Yは共有できますが、[半径]の方は2で割る（0.5掛ける）必要があります。[円柱]の[フィルセグメント]と[立方体]の[頂点Y]は共有できますが、[頂点Y]の方は2倍して1足す必要があります。

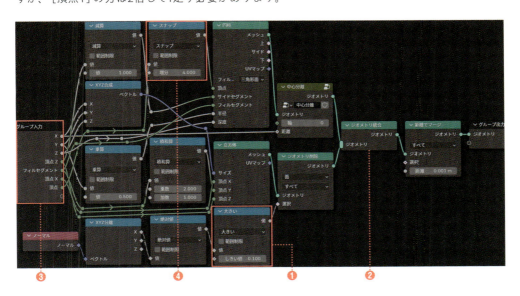

端丸カーブ

[カーブのメッシュ化]により[カーブ円]断面で筒状にしたものと半球のインスタンスを、[ジオメトリ結合]して[距離でマージ]することで端が球状になるカーブを作成します。

247

① 矢印のときと同様、［カーブのポイント化］を［数］2で通したものを［ポイントにインスタンス作成］の参照とします。この両者の［回転］のソケット同士を繋いでおくことで、カーブの制御点の角度に合わせて半球が回転してくれるようになります❶。

［UV球］を［ジオメトリ削除］に接続し、その［選択］には［位置］のZを［大きい］で［しきい値］0.00001等の極端に少ない数値で接続することにより、半球を作り出します❷。

シェードを一致させるため、その後に［スムーズシェード設定］を通しておき［ポイントにインスタンス作成］の［インスタンス］へ繋げます❸。

始端終端で同じ向きになってしまうので、［インデックス］を［積和算］で-2x+1とすることで始端終端を-1、1となるようにしておき、［XYZ合成］のZに繋いで［スケール］（ベクトル演算）に繋ぎます❹。

下の［スケール］には ジオメトリ>読込>半径 ノードを接続し、出力を［ポイントにインスタンス作成］のスケールに接続します❺。

こうすることで、両者を外側に向けると同時に、カーブ制御点のサイズに合わせて半球のサイズも変わるようにしておくことができます。

② ただしサイズ-1により反対を向かせたということは、面の法線が逆を向いてしまうことになるのでこれを補正するため、出力に［インスタンス実体化］を通したうえで［面反転］を繋ぎ、その［選択］には［メッシュアイランド］の［アイランドインデックス］を接続します❶。

その出力を［ジオメトリ結合］に繋ぎます。［グループ入力］に繋ぐパラメーターは［解像度］と［半径］はそのまま共有できますが［UV球］の［リング］は4の倍数である必要があるため［スナップ］4を通しておきます❷。

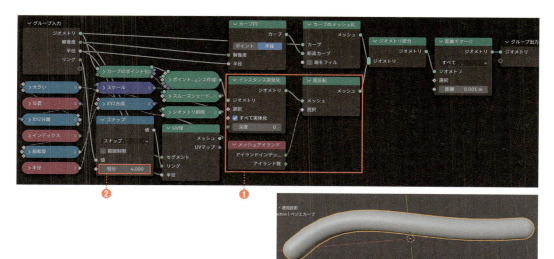

248

■作例その3 ジェネレーター

縁丸カーブフィル

1. カーブ形式の入力に対してジオメトリノードを付加します。Z方向の高さは無視されるためZ＝0の領域のみのカーブ形状を作っておきます。それに対して［カーブフィル］（Nゴン）をかけて［ジオメトリ統合］によって［面反転］を通したものと、通してないもので統合します❶。

そうしておいて［位置設定］によってノーマル［オフセット］させると、それぞれの法線方向へ移動するため二枚のフィルによって厚みが作られます❷。

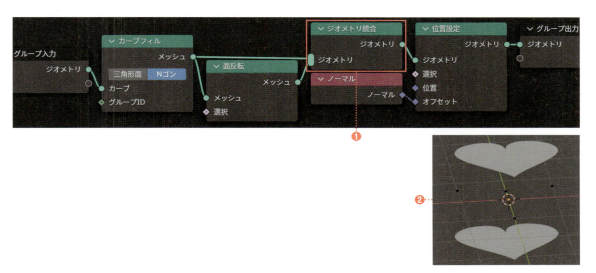

2. それとは別に、このカーブを参照とした［カーブのメッシュ化］を作り、［断面カーブ］の方には半円を接続します❶。

半円を作るには、プリミティブの［カーブ円］に カーブ＞書込＞スプラインループ設定 ノードを［ロループ］チェック無しで接続してループを解除したうえで［ジオメトリ削除］に繋ぎ、その［選択］には［位置］のX軸を［大きい］で0.000001等の極端に小さい値で限定したものを接続します❷。

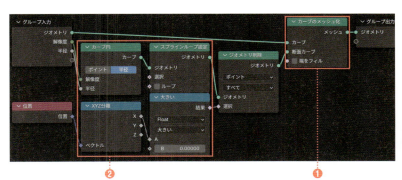

3 ［ノーマル］ノードの後に［スケール］を挟みその［スケール］入力と［カーブ円］の半径を一致させれば、カーブフィルによる厚みと半円の半径が一致するので、この両者を［ジオメトリ統合］したうえで［距離でマージ］すれば、縁が半円で囲まれたカーブフィルのソリッド化が完成します❶。

　　［カーブ円］の両パラメーターを［グループ入力］へ繋げることでモディファイアパネルより形状の調整が可能になります❷。

Memo

　ジオメトリノードはあくまでモディファイアの一種として扱われるため、前後に他のモディファイアを付加することも出来、他のジオメトリノードを追加することすら可能です。例えばジオメトリノードグループのひとつを「縁丸カーブフィル」として中身の状態は崩したくないというような場合は、その内側にノードを追加するのではなく新たにジオメトリノードのモディファイアを作って、そちらで追加の効果を付け足すといった使い方ができます。「縁丸カーブフィル」より前に カーブ＞処理＞カーブ角丸 ノードを通すジオメトリノードを追加すれば、Z軸で見ても角の丸い縁丸の形状を作ることが出来ます。

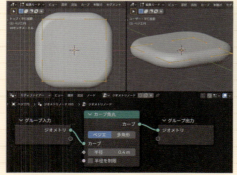

■作例その3 ジェネレーター

ブラインド

ブラインドは、一枚一枚の薄い板（スラット）が個々のローカル軸で回転し、且つ回転したまま上下にスライドしますがそのスライドの仕方が特殊で、下から順に重なったスラットを回収していくように持ち上がっていく上に、その回収され束になっているスラットに触れていないスラットはその場に固定されたままというかなり難しそうな動きをします。このアニメーションを必要になったときに都度作るのは非常に骨が折れそうなので、ジオメトリノードで作っておいてしまいましょう。

🔳 まずはスラットの形状は自由に設計できるよう、メッシュオブジェクトをジオメトリとして入力できるようにしておきます❶。

その出力を[ポイントにインスタンス作成]の[インスタンス]に繋ぎ、その[回転]に[XYZ合成]を繋いでX軸に[ラジアンへ]を繋ぐことで、スラット個々の回転を制御します❷。

この入力は[グループ入力]ノードに繋いでおきます（項目名は「チルト」としておきました）❸。

参照ジオメトリの方には[メッシュライン]（オフセット）を繋ぎます❹。

[数]と[オフセット]を[XYZ合成]に繋いだZを[グループ入力]に繋ぎ、Zの方は「一段の幅」を制御する入力とします❺。

スラットが畳まれた状態を作るため、[メッシュライン]の各頂点の間隔を縮ませる処理を作ります。[位置設定]を繋ぎ、[オフセット]に[XYZ合成]を繋いでZに[積和算]を繋ぎ、その[値]には[インデックス]を繋ぎます❻。

これにより[乗数]を上下させることでインデックス0の頂点を基点とした伸び縮みは可能になります。

[加数]の方では全体の位置を上下させます。[位置設定]の[選択]の方に[以下]（比較ノード（整数））を繋いでAに[インデックス]を、Bに先程の[加数]と同じ数値を入力するようにすれば、その入力によってブラインドのように一番下段のみが回収されるように上下します❼。

ただしこれだと入力メッシュの厚みを考慮できず、[乗数]の方にいれる数値も同時に変化させなければいけないのでこれを自動化します。[加数]を[グループ入力]へ繋げこれを「縮」と名付け、乗数の方も繋げ「縮段の幅」と名付けました。「縮段の幅」を[加算]1して「一段の幅」を[減算]し、更に[減算]1します❽。

[インデックス]を[積和算]により先程のひとつめの[減算]の結果を[乗数]に繋ぎ、[加算]に「幅」を繋げてこの出力を[以下]のBとします❾。

これにより縮んでない状態の一段の幅を「一段の幅」で、縮んだ状態の幅を「縮段の幅」で、どの高さまで縮んでいるかを「縮」で制御できるようになります。

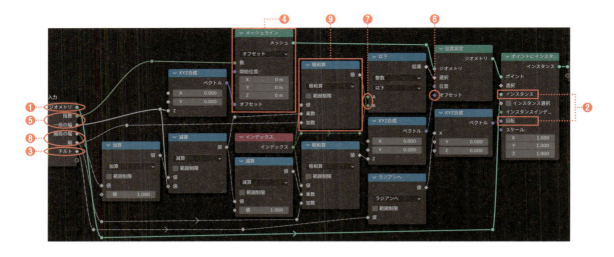

鎖

カーブ線上に、鎖を作成します。

1️⃣ カーブのジオメトリに対して、[カーブのポイント化]を接続し、その[数]も[グループ入力]に接続して鎖の輪の数を設定できるようにしておきます❶。

その出力を[ポイントにインスタンス作成]に繋ぎ、両者の[回転]ソケットを繋げておきます❷。

[インスタンス]入力には、[メッシュ円]を[メッシュのカーブ化]したものを参照カーブとし、[カーブ円]を断面とした[カーブのメッシュ化]を接続します❸。

この[メッシュ円]と[カーブ円]のパラメーターは全て[グループ入力]に接続しておきます❹。

このままでは真円なので鎖らしい楕円（？）とするため、[メッシュ円]後に[位置設定]を挟み、その[オフセット]には[位置]のXの符号を取得しそれに[乗算]を通したものを接続します❺。

これにより[乗算]で掛けた数によってX軸のマイナス領域はマイナス方向へ、プラス領域はプラス方向へ移動することになり、鎖の輪のような形状を作ることが出来ます。

[乗算]の[値]は[グループ入力]へ接続しておき、輪の長さも自由に変えられるようにしておきます❻。

輪を90°ずつ回転させるため、[ポイントにインスタンス作成]の[インスタンス]出力に[インスタンス回転]を接続し、その[回転]に[XYZ合成]を接続します。

[インデックス]を[乗算]90して[ラジアンへ]変換したものをXに繋げ、90を[ラジアンへ]変換したものをYに繋げます❼。

252

■ 作例その3 ジェネレーター

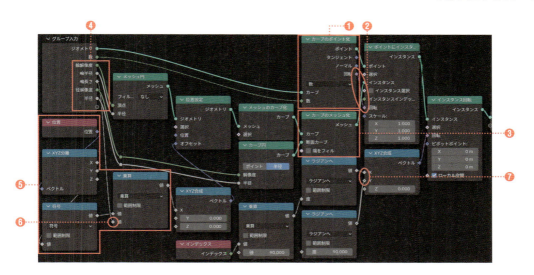

螺旋カーブ

　カーブジオメトリを[カーブリサンプル]したものを[位置設定]に接続します。[オフセット]に[ノーマル]ノードを接続するとカーブに沿った方向に対して真横の方向には移動させられるのですが、それだけではもう一方の三次元目のベクトルに対しての操作が出来ません。カーブに沿った方向のベクトルは カーブ＞読込＞カーブタンジェント ノードによって得られます❶。

　二つのベクトルが得られている場合、その平面に対して垂直方向はその二つのベクトルを[外積]計算することで得られます。これを踏まえ、[スプラインパラメーター]の[係数]の[コサイン]に[ノーマル]を掛けたものと、[係数]の[サイン]に[ノーマル]と[タンジェント]の[外積]を取り掛けたものを足し合わせると螺旋が得られます❷。

　螺旋の周波数を制御するため[係数]の後には[乗算]を挟み、[ラジアンへ]を接続してその[度]には[値]を360倍したものを接続すれば、その[値]の数だけ回転する螺旋が得られます❸。

　また、螺旋の半径を制御するため、[オフセット]の直前にも[スケール]（ベクトル演算）を挟んでおきます❹。

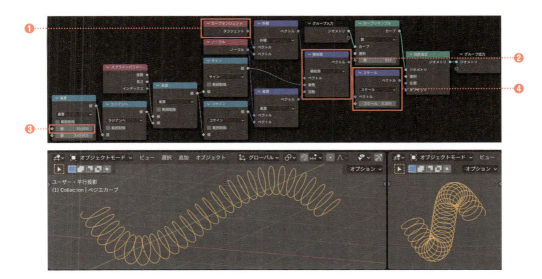

253

三つ編み

[外積]を利用すれば、カーブに沿った三つ編みを作ることも可能です。ノーマルをN、カーブタンジェントをT、スプラインパラメーターの係数をxとし、N'＝N×Tとすれば先程の螺旋カーブは

$$\begin{cases} N = a\cos(x) \\ N' = a\sin(x) \end{cases}$$

となりますが、三つ編みは

$$\begin{cases} N(1) = \dfrac{a+2\pi}{3}\cos(x) \\ N'(1) = 2\dfrac{a+2\pi}{3}\sin(x) \end{cases}$$

$$\begin{cases} N(2) = \dfrac{a+4\pi}{3}\cos(x) \\ N'(2) = 2\dfrac{a+4\pi}{3}\sin(x) \end{cases}$$

$$\begin{cases} N(3) = (a+2\pi)\cos(x) \\ N'(3) = 2(a+2\pi)\sin(x) \end{cases}$$

という、$2\pi/3$ずつ位相がずれた三つの螺旋が重なり合っている状態になります。更に、カーブ制御点の半径の変更にも対応できるように、且つN、N'スケールをc、d、半径をrとすれば

$$\begin{cases} N(1) = cr\dfrac{a+2\pi}{3}\cos(x) \\ N'(1) = dr(2\dfrac{a+2\pi}{3}\sin(x)) \end{cases}$$

$$\begin{cases} N(2) = cr\dfrac{a+4\pi}{3}\cos(x) \\ N'(2) = 2dr(\dfrac{a+4\pi}{3}\sin(x)) \end{cases}$$

$$\begin{cases} N(3) = cr(a+2\pi)\cos(x) \\ N'(3) = 2dr(a+2\pi)\sin(x) \end{cases}$$

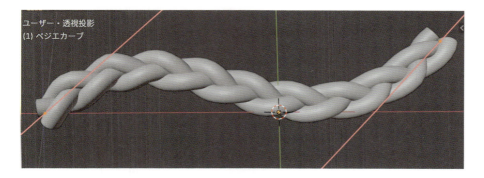

■ 作例その3 ジェネレーター

となり、ジオメトリノードで再現すれば以下の図のようになります。カーブの半径は ジオメトリ>読込>半径 ノードで取得することが出来ます。上段が線一本分のノードグループ、その左下がそのノードグループを三つ重ねてそれぞれ位相を2π/3ずつずらして[ジオメトリ統合]し、[カーブ円]を断面に[カーブのメッシュ化]をしているものです。三つとも共通するパラメーターは共通する入力ソケットに接続し、[カーブ円]のパラメーターも接続しています。

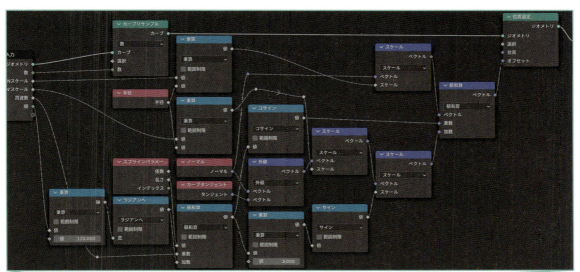

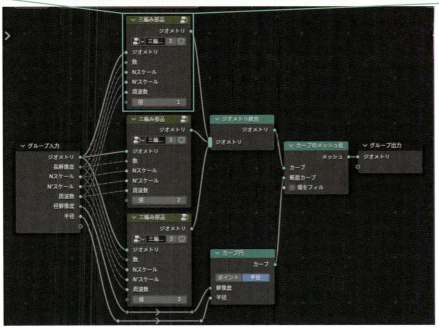

樹木

ジオメトリノードを使えば自分の手で樹木ジェネレーターを作ってしまうことも可能です。柔軟性の持たせ方次第で、様々な種類、形の木を数個のパラメーター入力で再現できます。

0-a 山グラフ

$$-b\left(\frac{2x}{a}-1\right)^2+b$$

という式を作っておくことで、0からaの幅でbの高さの山のグラフを作ることが出来ます。これをノードグループ化しておいて、次の葉っぱの作成に利用します。

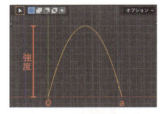

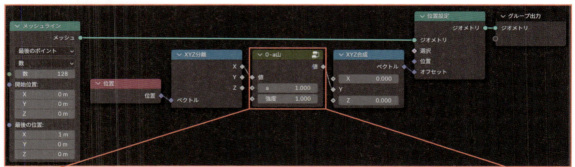

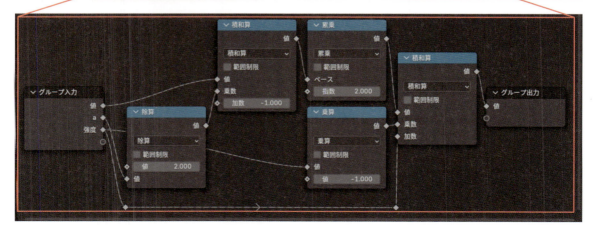

葉

[1] [グリッド] の縦横分割数をじゅうぶん上げておいたもの（奇数が望ましいです）から [位置設定] へ接続し、その [オフセット] のXに対しては [位置] のYに0.5足したものに先程の「0-a山」をa＝1、b＝0.5で計算させ、1 [減算] してXと [乗算] します❶。

こうすることでXの幅をYの-0.5から0.5にかけての位置でX0.5の山形にふくらませることが出来、更に元の幅である1を引くことで舟形のような形に出来ます。Zに対してはまず [位置] のXの [絶対値] を取ったものに「0-a山」によって0から0.5、また0から-0.5にかけて高さ0.5の山を作る計算をさせます❷。

更にそれに先程のYの-0.5から0.5にかけての山を掛けることで、その効果をY軸中心で最も高くするようにし、更にYの-0.5から0.5にかけてZ方向にも弓なりになるよう「0-a山」のa＝1、b＝0.06程度のものも加算します❸。

最後に ノーマル＞角度でスムーズ ノードも通しておき、30°程度でエッジが出るようにしておきます❹。

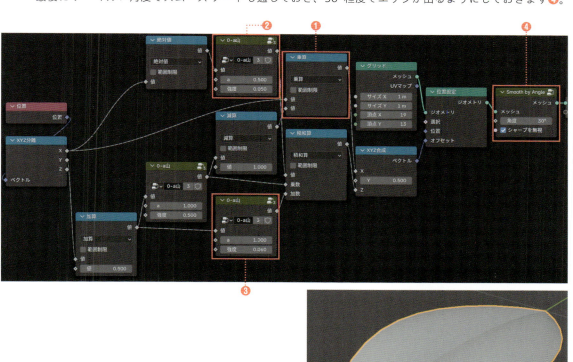

2 更にその後ろに、［名前付き属性格納］を接続し、［データタイプ］を［2Dベクトル］、［ドメイン］を［面コーナー］にしておいて、［グリッド］にある［UVマップ］出力を［値］に接続します❶。
こうすることで、［名前］欄に入れた名前の属性にプリミティブに用意されているUVマップが格納され、シェーダーで使用することが出来るようになります❷。

3 シェーダーノードでは 入力＞UVマップ ノード、あるいは 入力＞属性 ノードで名前を入力することで呼び出すことが出来ます❶。

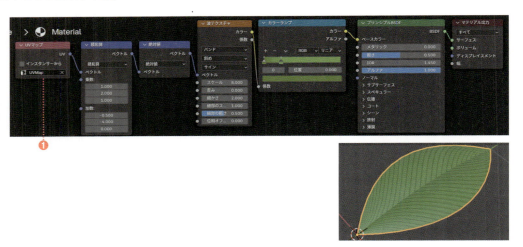

木

　　かなり複雑なノードになってしまうので、先に概念的な説明をいたします。まずカーブタイプのジオメトリで一本垂直に伸びる線を作り、螺旋カーブや三つ編みで使ったような［外積］によるベクトル取得で、先端に向かうほど強くクネクネランダムに曲がるようノードを組みます。それに対してインスタンスの枝を生えさせ、さらにその枝に対しても小さい枝を生えさせます。それらも先端に向かうほど折れ曲がるため、幹、枝、小枝ともに同じノードを流用できそうな予感がします。そして［カーブのメッシュ化］を使い太さを持つ幹や枝を作りますが、これは先端に向かうほど細くなっていく必要があります。最後に、その幹や枝の表面に葉を生やして完成です。

● 作例その3 ジェネレーター

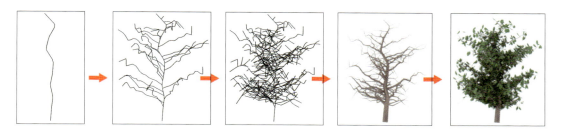

1 まず入力ジオメトリは一本のカーブオブジェクトとし、そのうちの一つの制御点から真上へ幹が伸びるような状態になります。
これは幹も幹→枝→小枝という繰り返しの一部として扱うための処置となります。

2 ［グループ入力］からの［ジオメトリ］はまず［ポイントにインスタンス作成］に接続しますが、その間に［属性キャプチャ］を挟み、［半径］を取得しておきます❶。
［インスタンス］の方には［カーブライン］を接続し、［終了］には［XYZ合成］を接続してこれのZの値が幹（あるいは枝）の長さとなります❷。
［選択］には［大きい］を繋ぎ上の［値］には［インデックス］を接続します❸。
［しきい値］はとりあえず0.5と入力し、これによりカーブの片方だけからカーブラインが伸びることになります❹。
この［しきい値］は幹から枝が伸びるのが地上からすこし上からになることを制御するためのものになります。
更に［回転］に［ノーマル］を［回転をベクトルに整列］を通したものを繋げることで生える方向を法線方向にします❺。
これには［加算］（ベクトル演算）を挟み、下の［ベクトル］には［XYZ合成］を接続します。Xの方に［ラジアンへ］を接続し、［度］に-90を入力すると、幹が上へ伸びる方向へ立ち上がるかと思います（-90が適当かどうかは最初に設置したカーブの状態によって変わるかもしれません）❻。
Zの方にはランダム値を繋ぎ、［最大］に［ラジアンへ］を360にしたものを繋げます❼。
これにより、幹のや枝のどの方向に枝が伸びるかをランダム化することが出来ます。この［シード］によってランダムの様子を制御することが出来ます。
※**画像は次ページを参照してください。**

ここからは生やした後に行う加工を司ります。出力を[インスタンス実体化]させ、[カーブリサンプル]を通します。その数には[整数]を接続しておき、数値は20程度にしておきます❽。
　この数値が折れ曲がりの数を制御します。木は大概が、上へ向かうほど枝は短くなっていくものなので、これを再現するために[ジオメトリ削除]に接続し、その[選択]には[スプラインパラメーター]の[インデックス]を[値]とする[大きい]を接続します❾。
　その[しきい値]の方には先程最初に[属性キャプチャ]した半径の出力を[乗算]へ繋ぎ、これを折り曲がりの数である[整数]とも[乗算]したものを接続します❿。
　一つ目の[乗数]の下の[値]が、この上へ行くほど短くなる傾向をどの程度強く出すかを制御するものとなります。
　更にその時点での最終出力から[位置設定]に接続し、枝の折れ曲がりを加えます⓫。
　[オフセット]には、これまで行ってきたように[ノーマル]と[ノーマル]×[カーブタンジェント]それぞれに別のランダム値を与えてギザギザを作り出しそれぞれを足し合わせます⓬。
　このランダム値は新たに追加した[ランダム値]ノードの[データタイプ]をベクトルとし、その最小を全て−1、最大を全て1としたものを使用します⓭。
　こうしてN、N'ともにひとつにまとめてしまうことによりひとつの[シード]の変更のみでそれぞれバラバラなランダム値を得ることが出来るようにしておきます。この[シード]は、枝の折れ曲がる様子を制御す

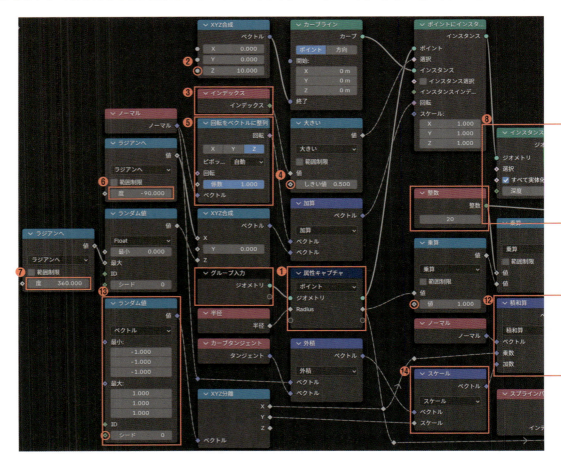

るものとなります。

　そうして得たランダムベクトル値は［XYZ分離］によってX、YをそれぞれN、N'にベクトル演算ノードによって掛け合わせます⓮。

　この計算の最後に［スケール］（ベクトル演算）を通してから［位置設定］の［オフセット］に繋げます。この最後の［スケール］によって、枝がどの程度強く折れ曲がるかを制御します⓯。

　幹（および枝）は先端に向かうほど細くなっていなければいけないので、最終出力から［カーブ半径設定］へ接続します⓰。

　この［半径］には［スプラインパラメーター］の［係数］を［積和算］により-1掛けて1足した数を接続しますが、これに対してさらに、［属性キャプチャ］によって拾った半径の方も掛け合わせます⓱。

　これは、枝の根本の太さもその枝が生えている位置の幹の太さに比例していなければならないためです。

　さらにもう一つ［乗算］を通しておいて、この［値］は基底の太さを制御するために使用します。更に最終出力後に［カーブサンプル］を接続し、［数］を適当に20程度にしておきます⓲。

　これは枝の生える本数の増減を制御します。その出力は［グループ出力］へ接続します。

　最後に、［グループ入力］、［整数］（あともちろん［グループ出力］も）を除いた全てを選択し、Ctrl + G でグループ化します。このノードグループはここでは「枝」と名付けました。そって何かを制御する数値としてきたソケットを全てグループ入力の空きソケットに接続しておきます。

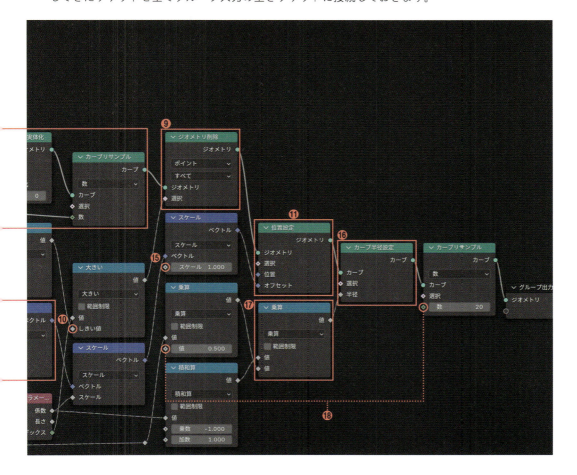

3 この「枝」ノードグループ一つで幹のみを生成しますが（各パラメーターには適当な名前を付けています）、その出力に同じ「枝」ノードグループを複製して接続することで、枝を生成します。元の幹と枝を［ジオメトリ統合］することで枝の生えた幹とすることができます❶。

　更にその枝にも同じ手順を繰り返せば、枝にさらに小枝を生やすことが出来ます❷。

　これらの出力に［カーブのメッシュ化］を接続してその［断面カーブ］に［カーブ円］を接続すれば、太さを与えることが出来ます❸。

　その際、参照カーブ断面カーブ両方に［属性キャプチャ］を挟み、両者とも［スプラインパラメーター］の係数を取得し、それぞれを［XYZ合成］のX、Yに繋げた後に［名前付き属性格納］の［値］に繋げます❹。

　これは［データタイプ］を［2Dベクトル］、［ドメイン］を［面コーナー］にしておくことで［名前］欄に入力した名前でUVマップを格納することが出来ます。

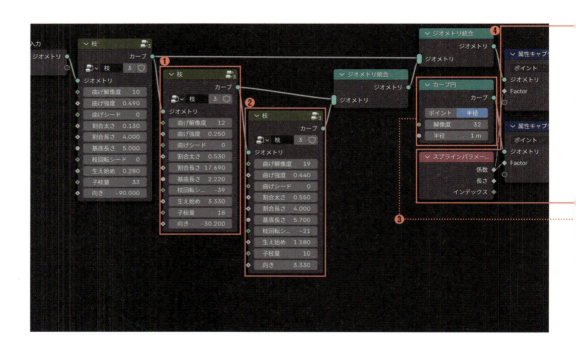

■ 作例その3 ジェネレーター

　このUVマップを使った木の幹（および枝）のマテリアルを適用するため、その後に［マテリアル設定］を接続しておきます❺。

　葉を生やすため、太さを付けた木のジオメトリを［面にポイント配置］に繋ぎ、その出力を［ポイントにインスタンス作成］に繋ぎます❻。

　この両者の［回転］同士は繋げておきますが、その間に［回転を回転］を挟むことで葉の方向を自由に制御できるようにしておきます❼。

　この［インスタンス］には前節で作った葉のノードグループを接続し、［選択］に［位置］のZのある程度以上［大きい］ものとすることで、ある程度の地上高からのみ葉が生えるように制御できるようにしておきます❽。

　あとは葉と木を［ジオメトリ統合］すれば完成です。

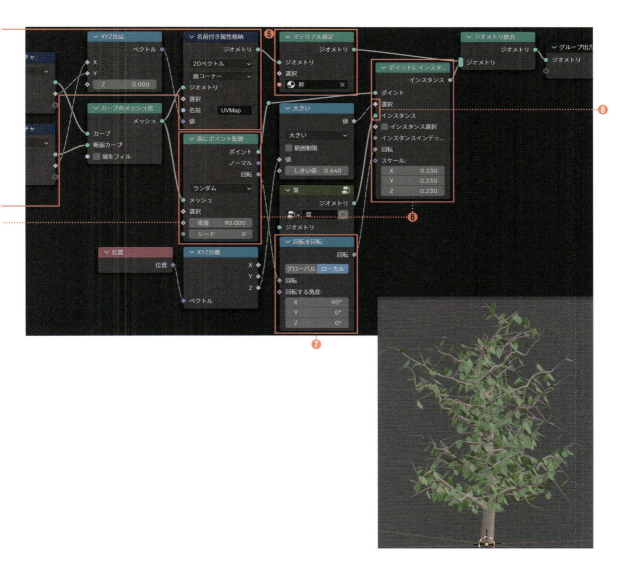

263

表面に貼り付け

ジオメトリをエンプティに最も近い対象オブジェクトの表面に貼り付かせます。

1️⃣ ジオメトリ出力を[ジオメトリトランスフォーム]に接続します❶。

その[移動]には[最近接表面サンプル]の[値]を接続し、入力側の[値]には[位置]を、[メッシュ]には[オブジェクト情報]の[ジオメトリ]を接続します。[サンプル位置]にはもう一つ[オブジェクト情報]を追加し、そちらの[位置]を接続します❷。

[ジオメトリトランスフォーム]の[回転]にも、新たに追加した[最近接表面サンプル]の[値]を[回転をベクトルに整列]を通して接続します❸。

入力側の[値]には[ノーマル]を接続する以外は、先程の[最近接表面サンプル]と同じ接続を行います❹。

使いやすくするためにノードグループとしてまとめてしまえるよう、両方の[オブジェクト情報]の入力[オブジェクト]を[グループ]入力の空きソケットに接続しておきます❺。

一つ目はターゲットオブジェクトを、二つ目は位置参照オブジェクトを入力するためのものです。

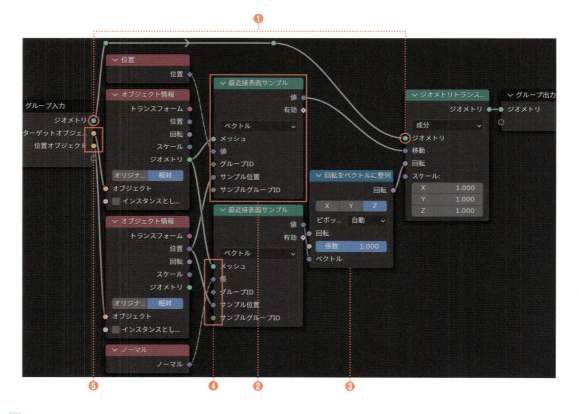

2️⃣ 完成したノードグループの[ジオメトリ]入力には貼り付けたいオブジェクトを、一つ目のオブジェクト入力にはターゲットとなる表面のオブジェクトを、二つ目のオブジェクト入力には3Dビューポート上でエンプティオブジェクトを追加しておき、そのエンプティオブジェクトを入力すると、エンプティオブジェクト

を動かすことでノード適用オブジェクトがターゲットオブジェクトの表面を滑るように移動してくれるようになります❶。

海深度

P104で作成した海は、単純に左へ向かうほど深くするという対応をしました。実際の海岸線や海底は複雑な形状をしているので、これだけではリアルな海を作ることができません。ジオメトリノードで海の深さを取得し、それをシェーダーノードに渡して利用するということが可能です。

1️⃣ 海面ジオメトリに対してジオメトリノードを作成し、[オブジェクト情報]ノードで海底側となるオブジェクトを入力します❶。

その[ジオメトリ]出力を、ジオメトリ>サンプル>レイキャスト ノードの[ターゲットジオメトリ]に接続し、[ソースの位置]に[位置]ノードを接続します❷。

この[レイキャスト]ノードは、自ジオメトリから対象ジオメトリに向かって真っ直ぐ（デフォルトではZ-1方向）レイを飛ばし、対象ジオメトリにぶつかった場所の情報を取得することが出来ます。これを利用して[位置]のZの情報を取得すれば、海底の深さを取得することが出来ます。

2️⃣ その出力を[グループ出力]の空きソケットに接続すると、モディファイアパネルの[出力属性]タブに接続ソケットの項目が現れます。その右欄に任意の名前を入力すると、[名前付き属性格納]ノードと同じようにそのジオメトリに属性を格納することが出来ます❶。

3 これをシェーダーノードの方で[属性]ノードを使って呼び出せば海底の高さを判定できるので、単純な左右方向を取得していたノードの代わりにこちらを繋ぐことで水の厚みを考慮したよりリアルな海を作ることが出来ます❶。

属性の格納方法はどちらを使っても構いませんが、このノードグループを頻繁に流用する可能性があり、且つこのデータを格納以外の使い方も想定する場合は今回のようにグループの外側へ出力する方法が適しています。

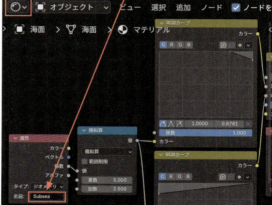

リピート・シミュレーション

　ジオメトリノードは、繰り返し処理（多くのプログラミング言語で言うところの for 文）を作ることも可能です。ユーティリティ>リピートゾーン を追加すると、二つのノードとともにそれらを囲う枠が表示されます。この二つの[リピート]ノードは常に二つセットで使われるもので、片方のみを消すことは出来ません。この二つの[リピート]の間に繋がっているノードは全てこの枠（リピートゾーン）に囲われます。この枠に囲われた処理は、[反復]の数

だけ繰り返された後に出力されます。例えば、[位置設定]で X + 1m 移動を 5 回[反復]させれば、結果として X + 5m 移動されます。

階乗

　数学で言えば、総和や総乗が可能になります。総乗の一種である階乗を例にとってノードを組んでみましょう。[リピート]ノードのソケットは[ジオメトリ]以外の種類も作成できます。

1. [整数]ノードを[リピート]の空き入力ソケットに接続すると、整数（Integer）タイプのソケットが作られます❶。

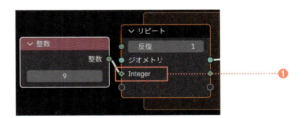

2. この出力から[減算]（数式ノード）に繋ぎ[値]を1にしてその出力を、出口側の[リピート]の同じソケットに繋ぐと、一回の反復ごとに1減算するカウントダウンの仕掛けを作ることが出来ます❶。
　更にもう一つ整数入力ソケットを作って、そちらは何も繋がず1にしておきます❷。
　その出力から[乗算]（数式ノード）に繋いで、もう片方の[値]に先程の一つ目のカウントダウンソケットからの出力を繋ぎ、その出力は出口リピートの二つ目の整数ソケットに繋ぎます❸。
　こうすることで、1ずつカウントダウンされた数値が繰り返し掛け合わされます。[整数]ノードを[反復]の方にも繋ぐことで階乗に必要な回数繰り返されます❹。
　出口リピートの二つ目の整数ソケットから階乗の答えが出力されます❺。

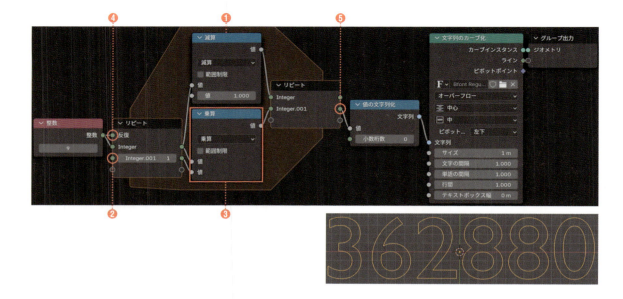

再帰木

再帰で出来た木を作成してみます。

1. ［リピート］の入力［ジオメトリ］に［カーブライン］を接続します❶。

   その出力側［ジオメトリ］から二つの［ポイントにインスタンス作成］の［ポイント］に繋ぎ、この出力インスタンスと元のジオメトリの三つを［ジオメトリ統合］で統合して出口［リピート］の同じ［ジオメトリ］に繋ぎます❷。

   インスタンス生成を終端だけに限定するため、カーブ＞読込＞端を選択 ノードを［選択］に繋ぎ、［始端サイズ］を0にしておきます❸。

   角度を広げるため、［ラジアンへ］（数式ノード）を二つの［スケール］（ベクトル演算）の［スケール］ソケットに繋ぎ、片方をX0 Y1 Y0、もう片方をX0 Y-1 Z0として出力をそれぞれ［ポイントにインスタンス作成］の［回転］に繋ぎます❹。

   ［反復］の回数で木が成長し、［ラジアンへ］の度で木が広がるカーブラインが出力できます。

● リピート・シミュレーション

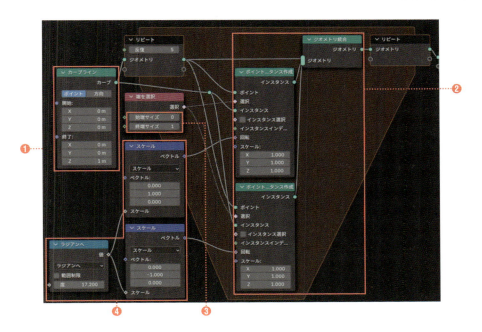

カントールの立方体

カントールの立方体の作成にはデフォルトで設置してある立方体をそのまま利用します。

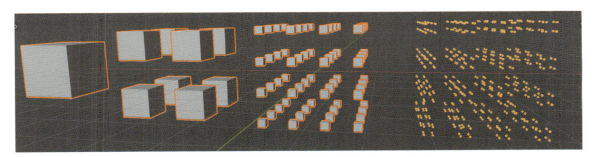

1 [グループ入力]の[ジオメトリ]から出力された立方体を、[リピート]の[ジオメトリ]へ通します❶。
　その間に[ポイントにインスタンス作成]を挟み、その[インスタンス]入力にも[グループ入力]の[ジオメトリ]を接続すれば、自分自身の頂点に自分をコピーする形を作ることが出来ます❷。
　そのままではサイズが大きすぎるのでリピートごとに小さくなっていく仕組みを作ります。[リピート]入力に整数ソケットを作り（[整数]ノード接続で作ることができます）、初期値は2としておきます❸。
　その出力から[乗算]で2を掛けたものを繋ぎ、出力を出口側[リピート]の整数入力に繋ぎます❹。
　こうすることでリピートごとに2、4、8、16と倍々に増えていきます。入口側[リピート]の整数出力を[除算]の下側に繋ぎ、上を1とし出力を[ポイントにインスタンス作成]の[スケール]に繋ぐことで、リピートごとに1/2、1/4、1/8、1/16と小さくなっていきます❺。

269

［反復］の数値を上げるほど、自身の頂点に自身を小さくしながらコピーしていくという自己相似形の連続を作ることが出来ます❻。

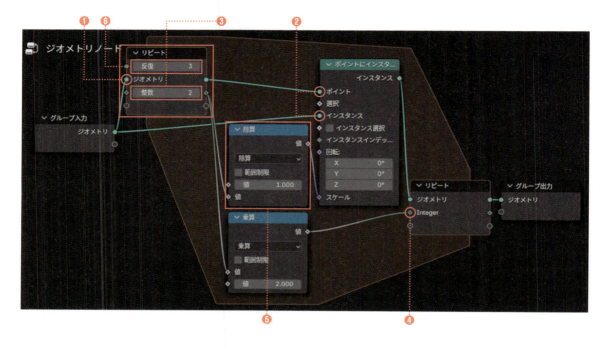

円周率 ライプニッツの公式

円周率を求めるためのいちばん簡単な式は、奇数の逆数の数列を一つずつ交互に減算、加算していく

$$1 - \frac{1}{3} + \frac{1}{5} - \frac{1}{7} + \frac{1}{9} - \cdots = \frac{\pi}{4}$$

というものです。これを総和の記号Σを用いて表現すると

$$\sum_{n=0}^{\infty} \frac{(-1)^n}{2n+1} = \frac{\pi}{4}$$

となります。これはn（自然数）＝0から始めてnを1ずつ増やしていった結果を∞（無限）回加算するという意味になります。これをリピートノードで再現してみましょう。

▪ リピート・シミュレーション

1 ［リピート］ノードに整数と値（実数）のソケットを追加し、［整数］出力を［加算］1して出口［リピート］の［整数］に繋ぐカウントアップ計算を施しておきます❶。

あとは式の通り、［累乗］ノードで -1^n にしたものを［積和算］ノードで $2n+1$ したもので［除算］し、それを前回の計算結果である［値］出力と［加算］してその結果を出口［リピート］の［値］に繋ぎます❷。

この結果に［乗算］4すれば、反復するほど円周率に近づく値を得ます❸（※ただし非常に収束が遅い式なので、10万回反復させても5桁程度しか正確な値を得られません）。

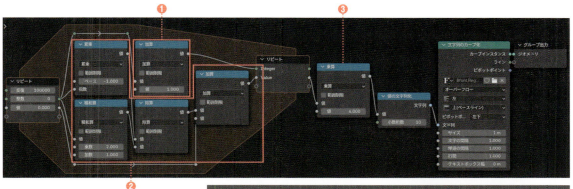

インデックス表示

［文字列のカーブ化］を［ポイントにインスタンス作成］のインスタンスとして接続した時、［インスタンス選択］にチェックを入れているとインデックス順に一文字ずつ配置される性質を利用して、［文字列］を「0123456789」とすることでポイントのインデックス番号を視覚的に確認することができます。ただし「一文字ずつ」という制約があるため、一桁にしか対応できません。

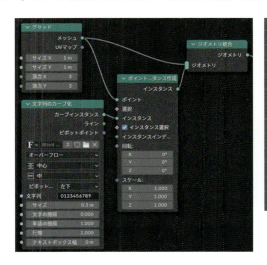
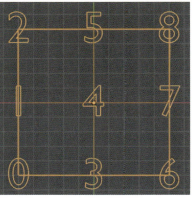

リピートゾーンを利用して、いくらでも桁数が上がっても対応できるようにノードを組んでみます。

1️⃣ 基本形は先ほどと同じですが、［文字列のカーブ化］と［ポイントにインスタンス作成］はまとめてグループ化しておきます❶。このグループの入力に整数ソケットを追加しておき、これを「桁」とします❷。この「桁」から［減算］1したものを［累乗］で10の指数とし、その数で［インデックス］を［除算］した［床］を求めれば、インデックスのうちの入力された桁の数値を出すことが出来ます❸。これを［ポイントにインスタンス作成］の［インスタンスインデックス］に繋げることで、表示する数をその桁の数に固定することが出来ます❹。文字のサイズを自由に設定できるよう、［文字列のカーブ化］の［サイズ］を［グループ入力］の空きソケットに接続しておきます❺。桁数が上がったら数字は桁数分左に移動してほしいので、「桁」から［減算］1した数と文字の「サイズ」を［乗算］したものをベクトル演算の［乗算］を利用してX軸のみ-0.5掛けて インスタンス＞インスタンス移動 の［移動］に繋ぎ、これを［ポイントにインスタンス作成］の後ろに挟みます❻。

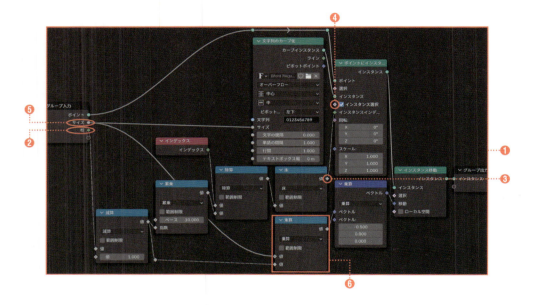

2️⃣ グループの表に出て、リピートゾーンを追加します❶。
リピートノードに整数ソケットを追加し、数値は1にしておいてグループの［桁］ソケットに繋ぎます❷。
　［加算］ノードでいつものカウントアップの仕組みを作っておき、グループの出力と［リピート］のジオメトリ出力を［ジオメトリ統合］したものを出口［リピート］のジオメトリ入力に繋ぎます❸。［反復］の数がそのまま桁数の役割となるインデックス表示ノードの完成です。

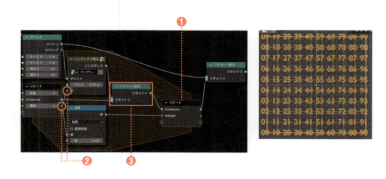

■ リピート・シミュレーション

Memo
　このように、リピートゾーンは通常のノードでは困難な自己相似形や級数計算といった表現を得意とします。例えば「高木曲線」「ヒルベルト曲線」「ペアノ曲線」「コッホ曲線」「アレクサンダーの角付き球面」といったものも可能ですが、複雑になりすぎてしまったので本書では割愛させて下さい。

高木曲線　　　　　　　　ヒルベルト曲線　　　　　　　ペアノ曲線

コッホ曲線　　　　　　アレクサンダーの角付き球面

シミュレーションゾーン

　シミュレーション＞シミュレーションゾーンはリピートゾーンとほぼ同じ使い勝手のものですが、［反復］に相当するものがBlender内の時間概念である［フレーム］に置き換わっています。シミュレーションゾーン内で［位置設定］X＋1m移動のノードを通してアニメーション再生させると、1フレーム目でX＋1m、5フレーム目でX＋5m移動します。物理演算と同じようにシミュレーション結果がベイクされている様子がタイムラインエリアの赤い帯で確認出来ます。

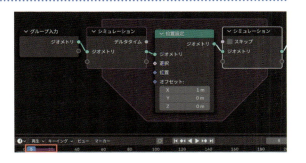

パーティクル

　自由に動きを制御したパーティクルを作成することも可能です。

1 エンプティオブジェクトを追加してデフォルトの立方体に対してジオメトリノードを作成します。［グループ入力］から［メッシュのボリューム化］に繋いで［ボリュームにポイント配置］へ繋げることで立方体内に

ポイントを多数作成します❶。

シミュレーションゾーンのジオメトリへ接続し、その間に［位置設定］を挟みます❷。

［オブジェクト情報］ノードを追加し、［オブジェクト］欄にエンプティオブジェクトを入力します❸。

その［位置］出力を［減算］（ベクトル演算）ノードによって［位置］ノードの出力を減算し、［積和算］ノードに接続します❹。

二者間の距離に対してその［乗数］に入力した割合で、フレームごとに近づいていくアニメーションがつくられます。

ですがこれだけだと単純に真っ直ぐ近づいていくだけなので、ある程度ランダムな動きを混ぜてみましょう。［インデックス］ノードと 入力＞シーン＞シーンタイム ノードを［XYZ合成］のそれぞれXとYに繋ぎ、その出力を［ノイズテクスチャ］（2D）の［ベクトルソケット］に繋ぐと、それぞれのポイントごとに時間で変化するランダムな色を出力することが出来ます❺。

この［カラー］出力を［スケール］（ベクトル演算）を挟んで先程の［積和算］の［加数］ソケットの方に繋ぐと、［スケール］の大きさでポイントをランダムに動かすことが出来ます❻。

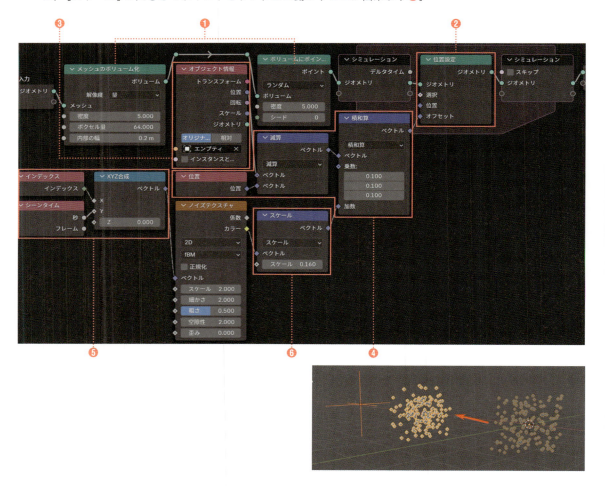

雷

フレームが進むごとに一つずつ下へ枝分かれしながら線が伸びていく、雷のような表現を作ってみます。

 ポイント > ポイント ノードに ポイント > ポイントの頂点化 ノードを繋いで一点だけの頂点をまず作ります。そこから［メッシュの押し出し］（頂点）を繋いで線を伸ばすわけですが、この［メッシュの押し出し］はグループ化してしまいます❶。

［グループ出力］には［メッシュ］出力と［上］出力を繋ぎ、［グループ入力］には［選択］を繋ぎます❷。

 ある程度ランダムに、そしてある程度下方に伸びさせるため、［ランダム値］（ベクトル）を［オフセット］に繋ぎ、［ランダム値］（Float）を［オフセット乗数］に繋ぎます❶。

［ランダム値］（Float）の方は0.1から1程度の幅としておき両［シード］を［グループ入力］に接続しておきます❷。

［ランダム値］（ベクトル）は後からでも調節できるよう、［最小］［最大］両方に［XYZ合成］を繋ぎ、両方のX、Yに［乗算］を繋ぎ、両方の上の［値］に同じ［値］ノードを繋ぎます❸。

［XYZ合成］の最小の方は-0.5程度、最大の方は-1程度とし、［乗算］の最小の方は-0.5、最大の方は0.5とすることで［値］ノードを操作するだけでXY方向の広がり具合を調節できるようにします❹。

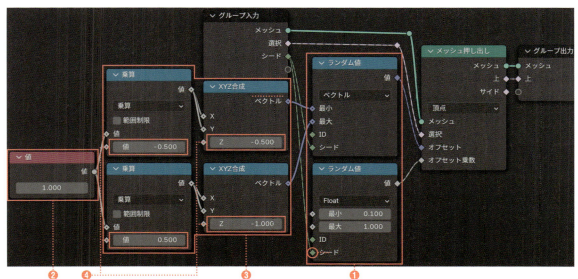

3️⃣ グループの表に出てこのグループを［シミュレーション］で挟みます❶。

　いつものように入口［シミュレーション］に整数ソケットを作り、出口［シミュレーション］にはグループの［上］ソケットを繋ぎます❷。

　この時に作られる入口側［シミュレーション］の［上］チェックボックスはONの状態にしておきます❸。

　この［上］ソケットからグループの［選択］に接続し、グループを Shift + Ctrl + D で複製して両者を［ジオメトリ統合］します❹。

　この二つのグループによって二本の枝分かれを表現したいので、両者には別のシードを入力することと、フレームごとにシードが変化すること、また枝分かれするかどうかもランダムに決まるよう制御する必要があります。［シミュレーション］の整数ソケットには［加算］ノードを使ってカウントアップを作り、これをグループのシードに繋げます❺。

　両グループともに同じシードだと同じ方向に枝分かれしてしまうので、片方に［加算］10000等、適当に数値がずれるような仕組みを作っておきます❻。

　枝分かれするかどうかをランダム決定するため、［整数］ソケットから［ランダム値］（ブーリアン）に繋ぎ、結果を［スイッチ］（ブーリアン）の［スイッチ］ソケットに繋ぎます❼。

　［False］に［上］を繋ぎ、もう片方に何も繋がないことで（逆でも構いません）、［ランダム値］（ブーリアン）の［確率］に基づいて枝分かれするかどうかが決まります❽。

　また、枝分かれした方が伸び続けるかどうかをランダム化するため、枝分かれ側のグループの［上］出力にも同じ［スイッチ］（ブーリアン）の仕組みを作ります❾。

　この出力と、本線側の［上］出力を［Or］（ブール演算）ノードで統合して出口［シミュレーション］の［上］(Top)ソケットに繋ぎます❿。

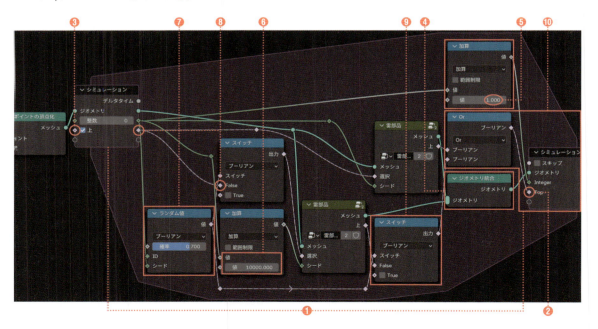

4️⃣ あとは出口［シミュレーション］からの出力を［カーブのメッシュ化］や［マテリアル設定］でレンダリングできるようにノードを繋げれば完成です❶。

■ リピート・シミュレーション

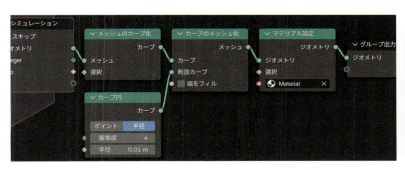

アニメモーションブラー

アニメの高速表現でよく見かける、輪郭がギザギザに歪むモーションブラーのような表現を作成します。

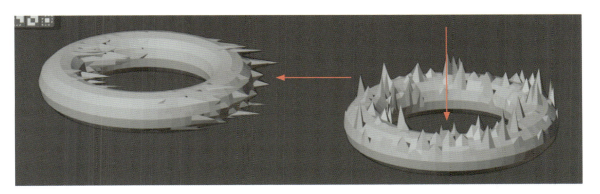

1️⃣ 入力ジオメトリに［メッシュ細分化］をかけてシミュレーションノードに繋ぎます❶。

　［シミュレーション］ノードにベクトルソケットを二つ用意して、その片方に［オブジェクト情報］の［オブジェクト］入力に 入力＞シーン＞オブジェクト情報 ノードを接続しその［位置］出力を繋ぎます❷。

　この反対側の出力と、元の［位置］出力を直接［減算］ノードに繋ぎ、さらに元の［位置］出力を出口側［シミュレーション］の同じベクトルソケットにも繋ぎます❸。

　こうすることで、一つ前のフレームと現在フレームとの位置の差分を取ることができます。

　その出力を出口側［シミュレーション］のもう片方のベクトルソケットに繋いでその反対側の出力を［位置設定］のオフセットに繋げれば、移動差分ジオメトリをずらすことが出来、モーションブラーの概念が整います❹。

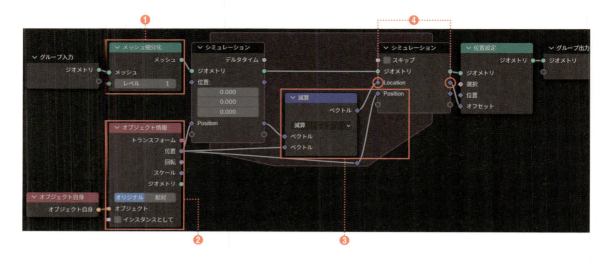

2 ただしそのままでは目的の方向とは反対にずれるため、それを補正しながらギザギザを表現するため間に[スケール]を挟み、その[スケール]入力に[ランダム値]（Float）の最小-1、最大0としたものを繋ぎます❶。

さらにその間に[累乗]で大きな値（偶数）を累乗させると、ギザギザのメリハリを際立たせる事ができます❷。

このままでは移動方向の前面も速度に引きずられ法線の内側へ凹んでしまう部分も出来てしまうため、同じベクトル出力から[小さい]（ブール演算）を繋いで[ベクトル][方向][小さい]へ切り替え、もう片方のソケットに[ノーマル]ノードを繋ぎます❸。

[角度]の値を大きくし[位置設定]の[選択]ソケットに繋げれば、移動方向に対してその角度以下の法線のジオメトリに限定して効果をもたらす事ができます❹。

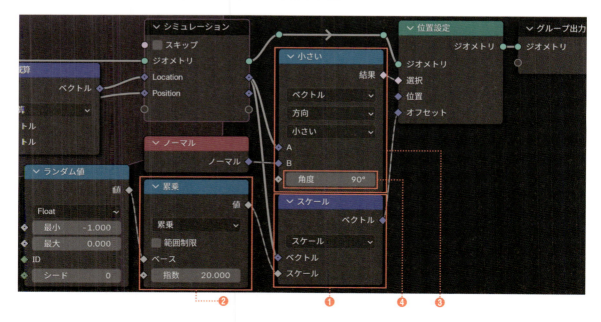

■ リピート・シミュレーション

Memo

　Blender4.3 では、新たに [For Each Element] というゾーン（執筆時点の名称）が追加されます。これはこれまでのゾーンと同じように繰り返し処理を行うものですが、こちらはオブジェクトの点、線、面といった要素ごとに各一回ずつ評価が行われます。これを使えば、例えば前述したオブジェクト表示の仕組みを、桁数の処理無しに実現することが出来てしまいます。

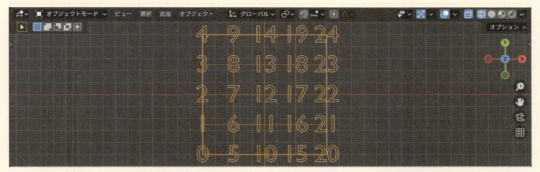

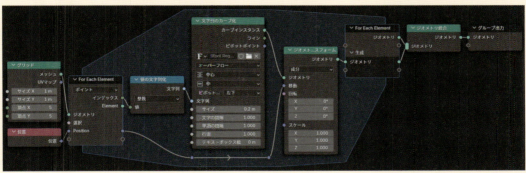

11 ノードツール・アセット・ソケットタイプ

ジオメトリノードエディターのヘッダー左の方にある [ジオメトリノードタイプ] プルダウンメニューで、[モディファイアー] から [ツール] に切り替えるとジオメトリノードをモディファイアーとしての扱いではなく、モデリングツールとして使用できるようになるノードを作ることが出来ます。

-X 領域削除

ミラーモディファイアーを使おうとする時、メッシュの左半分を削除したい場面が頻繁に訪れます。この作業を自動化するノードツールを作ってみましょう（※ノードツールの作成はモディファイアー時と違い、ノード作成中にその効果を3Dビューポート上で直接確認することが出来ません。そのため、一旦いつものようにモディファイアー扱いとして効果を確認しながらノードを作成し、その後ノードツール作成画面にコピー＆ペーストするという手順で作っても良いかもしれません）。

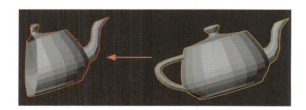

1. [グループ入力] からの [ジオメトリ] 出力を ジオメトリ>処理>バウンディングボックス ノードに接続します❶。

これは、入力されたジオメトリを囲う立方体を作成します。これに対して少し膨張させるため、[位置設定] を接続してその [オフセット] に [ノーマル] ノードを接続しておきます❷。

その出力を再び [位置設定] に繋ぎ、今度は左半分のみの立方体とするため [インデックス] ノードを [剰余（切り捨て）] に2で繋

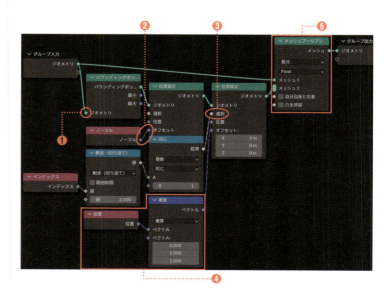

ぎ［同じ］（ブール演算）で1とし、［位置設定］の［選択］に繋ぐことで右半分のみを選択した状態にします❸。
　［位置］ソケットの方に［位置］ノードを［乗算］（ベクトル演算）でXのみ0にしたものを繋ぎます❹。
　あとは元のジオメトリ入力をこの変形させたバウンディングボックスによって［メッシュブーリアン］（差分）させれば左半分のジオメトリを削除できます❺。

❷ ノードツールを作成すると3Dビューポートヘッダに紙の端を折ったようなアイコンが表示されるようになり、これをクリックして今作成したノードグループ名（「-x削除」と命名しました）を選択すると選択オブジェクトにノードの効果が適用されます❶。
　これは通常のモディファイアージオメトリノードを［適用］したのと同じ状態になります。

斜めメッシュを補正

　編集モードでうっかりメッシュ全体を回転させ保存してしまった場合や、3Dスキャンで現実の物体を取り込んだモデルを扱う場合等、全体が斜めになってしまったメッシュを扱いやすいよう真っ直ぐに立て直すのは容易ではありません。これをノードツールで解決してみましょう。

・モデルデータ
URL https://polyhaven.com/a/jug_01

❶ まずは基準とする面の位置を取得するため、入力＞シーン＞3Dカーソル ノード（これはノードツールでのみ扱えます）を追加し、ジオメトリ＞サンプル＞最近接サンプル ノード（面）の［サンプル位置］へ繋ぎます❶。
　その［ジオメトリ］入力にはもちろん［グループ入力］からの［ジオメトリ］出力を繋げます❷。
　これにより、3Dカーソルの位置に最も近い面のインデックスを取得できます。
　更にこれを ジオメトリ＞サンプル＞インデックスサンプル ノード（ベクトル、面）の［インデックス］入力へ繋ぎ、その［ジオメトリ］入力にも［グループ入力］からの［ジオメトリ］出力を繋げます❸。
　その［値］入力には［位置］ノードを繋げることで、そのインデックスの面の位置を取得します。後はこの出力を［スケール］（ベクトル演算）で-1掛けすることで移動を補正する数値を取得します❹。
　［スケール］（ベクトル演算）の出力を［ジオメトリトランスフォーム］の［位置］に繋ぎ［ジオメトリ］の方には［グループ入力］からの［ジオメトリ］出力を繋げることでまずは位置のズレを補正します❺。

［インデックスサンプル］を Shift + Ctrl + D で複製し、こちらの［値］には［ノーマル］ノードを繋ぐことで面の方向を割り出します❻。

複製した［インデックスサンプル］の出力は［回転をベクトルに整列］の［ベクトル］入力に繋ぎ、こちらも補正のために ユーティリティ＞回転＞回転反転 ノードに接続します❼。

更に後から回転を加えられるように ユーティリティ＞回転＞回転を回転を通し、もう一つ［ジオメトリトランスフォーム］を追加してこちらの［回転］ソケットに接続します❽。

移動を補正した［ジオメトリトランスフォーム］の出力から回転を補正した［ジオメトリトランスフォーム］へ繋ぎ、その出力を［グループ出力］へ繋ぎます❾。

［回転を回転］の［回転する角度］ソケットを［グループ入力］の空きソケットに繋ぎ、サイドバー（Nキー）の［グループ］タブ［グループソケット］パネルで［回転する角度］を選択し、デフォルトYを180°、Zを45°としておきます❿。

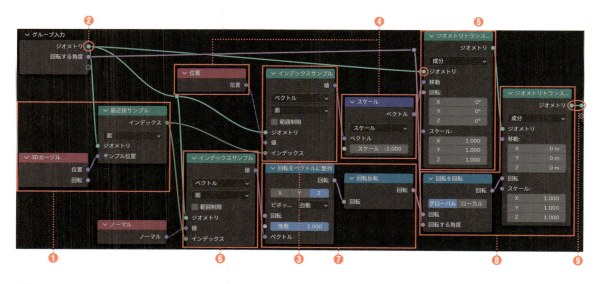

2 ノードツールの実行前に、3Dビューポートで Shift ＋右クリックで3Dカーソルの位置を床に着かせたい面付近に移動させておきノードツールを実行します❶。

ノードツールで［グループ入力］に接続していたパラメーターはノードツール実行時にフローティングウィンドウで調整できるようになります。今回は追加で回転角度を補正できるようにしていたので、結果が満足いかないものであればここで修正することが出来ます❷。

これらのように工夫次第でモデリングを効率化出来るツールを自分で作成できてしまうのがノードツールの強みとなります。ただしノードツールではシミュレーションノードは使用することが出来ません。

282

■ノードツール・アセット・ソケットタイプ

アセット

　ノードエディターエリアヘッダーのノードグループの名前欄や、アウトライナーエリアのリストで右クリックメニューから［アセットとしてマーク］を実行すると、その要素が［アセット］（直訳すると資産）として扱われるようになります。

　アセットとなったものは名前欄右に青い本棚のようなアイコンが表示されるようになります。エリアの一つを［アセットブラウザー］に切り替えると、アセット化したものがここに表示されていることが分かります。

❶［アセットブラウザー］左上のプルダウンメニューを［現在のファイル］に切り替えると、現在開いているBlenderファイル内で作成されたアセットに限定して表示されます❶。
　その下の欄右上の［＋］マークを押すと、新たなカテゴリ（カタログと呼ばれます）を追加することが出来、この名前を変更することが出来ます。ここでは「ジェネレーター」と名付けました❷。カタログ作成を行ったblendファイルと同じディレクトリに［blender_assets.cats.txt］というファイルが作られ、カタログの情報が収められます。
　サイドバー（Nキー）を表示すると、現在選択しているアセットの詳細の表示、変更が出来ます❸。
　［プレビュー］パネル右上のフォルダアイコンから任意の画像を読み込めば、その画像をアセットのサムネイルとすることが出来ます❹（400×400ピクセルのjpgをおすすめします）。

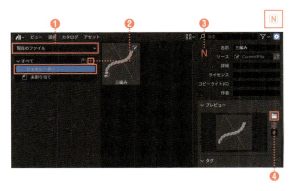

283

2 このアセットが収められているBlenderファイル（とカタログファイル）を任意のフォルダーに置き、プリファレンスの［ファイルパス］カテゴリにある［アセットライブラリ］パネルで［パス：］の欄にそのフォルダーのパスを入力しておけば、その上のリスト内で選択中の名前で他のBlenderファイルからもアセットが呼び出せるようになります❶。

3 全く別のBlenderファイルを開き、［ジオメトリノードエディター］内で Shift + A の追加メニューを開くと、一番下の方に先ほど名前をつけたカテゴリ名と更にその下層にアセット化したノードが追加できるようになっていることが確認できます❶。

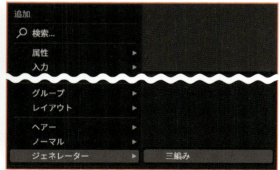

POINT

モディファイアー追加画面でも［＋モディファイアーを追加］ボタンを押すと、3と同じようにカテゴリ名からアセットをモディファイアーとして追加できるようになっています（※これらはモディファイアータイプのジオメトリノードグループをアセット化した場合）。

アセットの利用

　また、ジオメトリノードに限らずマテリアルやオブジェクト、ノードツール等、Blender上のあらゆるデータブロックがアセット化可能です。例えばアセットオブジェクトをアセットライブラリからドラッグアンドドロップで3Dビューポート上に設置し、アセットマテリアルをそのオブジェクトにドラッグアンドドロップすることで質感を付けたりすることも可能で、ノードツールをアセット化していればいつでもどのBlenderファイルでも自分で作ったツールを使用可能になります。

・モデルデータ

`URL` https://polyhaven.com/a/modern_arm_chair_01

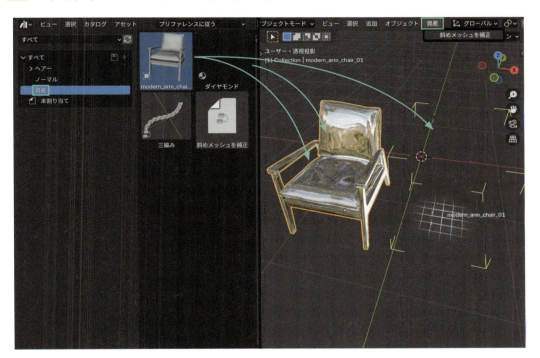

ソケットタイプ

　ここまで読み進めてきた方なら、ソケットに種類があることには気づいているかと思います。同じ種類のソケット同士を接続しなければ、エラーとなりリンクが赤く表示されます。

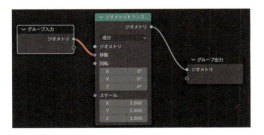

ですが必ずしも同じソケットタイプでなければならないとうわけでもなく、例えばXYZの三軸の数値が含まれる青い菱形のソケットに一つの数値のみを出力する灰色の丸のソケットは接続できます。このケースの場合、三軸ともに同じ［値］の数値が入力されたことになり、［位置設定］ノードでは斜め右上奥に移動してしまいます。

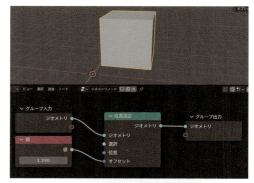

整数であっても除算を通して実数（Float）を出力でき、更に実数を1か0の論理値を扱うピンク色のソケットに接続しても受け付けてくれる等、ある程度自動で変換が行われユーザーはファジーに数字を扱えるようになっています。また、出力ソケットにマウスオーバーすると計算結果がポップアップされ、計算が混乱してしまったときに役に立ちます。各ソケットの意味については以下URLの公式マニュアル で確認できます。

URL https://docs.blender.org/manual/ja/4.2/interface/controls/nodes/parts.html#sockets

データリンクの流れ

こちらのノードは［ノーマル］ノードを利用してジオメトリの一部のみ［メッシュ押し出し］した後に、［位置設定］ノードで回転させてから［マテリアル設定］で同じく［ノーマル］ノードを利用して一部のみ色を変えています。

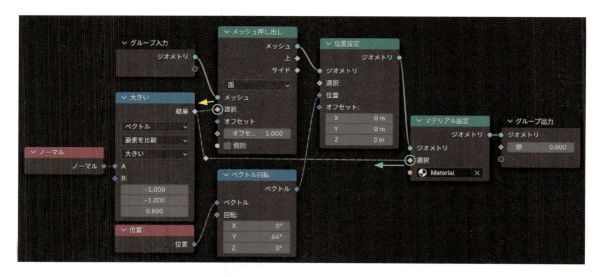

両者ともに同じ出力からリンクされているにも関わらず、押し出しと色変えの位置は異なっています。ノードのデータは基本的に左から右へ流れるというイメージですが、実際には右から左へ向かって評価され

ていき、そのノード時点での状態から計算が行われるため同じ出力からのリンクであっても異なるデータを受け取っているように見えることがあります。この点を理解していないとノード作成時に混乱してしまうことがあるかもしれません。

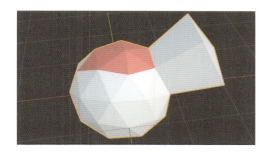

> **Memo**
> 画像にフィルターを掛けたり色を補正したりといった処理は、本来コンポジターの方で需要が多いはずです。にも関わらず本書であえてそれらをシェーダーノードの方で解説しているのは、そちらの方が難易度が高いからです。当然この例のように、シェーダーノードの章でご紹介した『不飽和コントラスト』などはコンポジターでも再現可能です。

難しい方でさえ習得してしまえば、どちらでも自由に扱えるようになっているはずです。同じようなことがジオメトリノードとシェーダーノードとの関係でも言えるかもしれません。

Chapter 6

表紙作例の解説

　表紙でも使われているこの画像が、どのように作られているかの中身をご紹介します。ただしキャラクターモデリングを主体としていた前著『今日からはじめる Blender3 入門講座』と重複する部分は避け、ノードに関連したテクニックを主に解説していきます。

ようやくここまで辿り着いたわね

1 キャラ

キャラクター部分に使用しているノードの解説を行います。

歯

このモデルでは歯をカーブオブジェクトで作っています。ですがカーブオブジェクトで作ってしまうと、本来は八重歯を作ることが出来ません。

1. カーブオブジェクトはボーンに [フック]（Ctrl + H）させることによってアーマチュアに追随させることが出来ます❶。

メッシュオブジェクトに比べて破綻のない曲線的な動きが付けられたり後から太さを自由に変えられたりと独特なメリットを持ちますが、形状を細かく自由に変形させることが出来ません。

そこで、ジオメトリノードを使用するとこのメリットを活かせる状態のまま本来不可能な形状変更を実現することが出来ます。カーブオブジェクトを使って歯の形状を作成し、上の歯を頭部用のボーン、下の歯を下顎用のボーンにフックさせました❷。

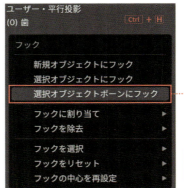

■キャラ

2️⃣ フックモディファイアーより下にジオメトリノードを作成します❶。

　そして[インデックス]を[同じ]（ブール演算）ノードを通して[選択]とした[メッシュ押し出し]（面）によって目当ての場所の面を押し出し、[要素スケール]の[選択]に[メッシュ押し出し]の[上]を繋いでスケールを小さくすることで先端の尖った八重歯を形成します❷。

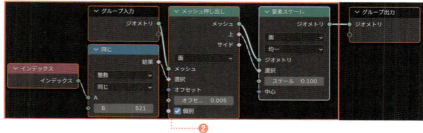

八重歯

羽

　羽根のテクスチャはシェーダーノードで作成しています。複雑になりすぎてしまったのでここではノードの中身については割愛しますが、アルファで羽根のみの状態にできるのであれば画像テクスチャでも問題ありません。

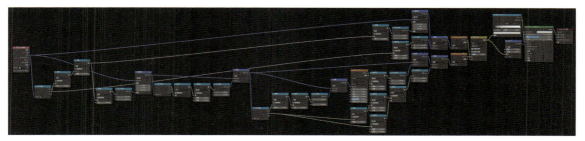

1️⃣ なるべく負荷を少なくするため、三角面のメッシュ一枚のみで羽根が表示されるようUVによりマテリアルを適用します。その羽根一枚一枚を、Shift + D で複製して移動、回転、拡縮して並べていき、翼の形になるよう配置します❶。

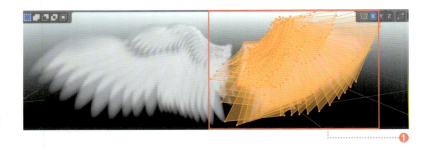

この時、羽根が奥になるものから（または手前になるものから）順に配置していくと、たとえ全てのメッシュを同じ奥行きで配置していたとしてもジオメトリノードで奥行き配置を後から調整することができます。

2️⃣ ジオメトリに［位置設定］ノードを通し、その［オフセット］に［メッシュアイランド］を［XYZ合成の］一つ（状況によって選択）に繋げたものを繋げます❶。

それだけだと幅が広くなりすぎるので、［乗算］による調整も挟むと良いでしょう❷。

面が完全に重なってしまったり、面同士の距離が近すぎたりするとZファイティングと呼ばれるチラつきが発生してしまいますが、この仕組みによりそれを回避することが出来ます。

3️⃣ Cyclesの場合、透過素材が重なる枚数に合わせて［プロパティ］エリアの［レンダー］タブにある［ライトパス］パネル、［最大バウンス数］の［透過］の値を上げておく必要があります❶。

■ キャラ

眼球

基本形状

ジオメトリノードにより実物の眼球の形状を模倣しています。

[UV 球] ノードを [位置設定] ノードである高さ以上のメッシュのみ膨らませたりへこませたりすることで、角膜の膨らみや水晶体によるへこみを再現します。

▶ [位置] ノードを [XYZ 分離] させ、その [Z] を [大きい] ノードで限定したものを [位置設定] の [選択] に繋ぎます。[位置設定] の [位置] に [XYZ 合成] ノードを繋ぎ、その X、Y は動かしたくないので [位置] ノードから [XYZ 分離] させた X、Y をそのまま繋ぎます❶。

Z には、[大きい] の [しきい値] と共通の [値] ノードを [位置] ノードの Z から [減算] した値を [積和算] ノードの [値] と [加数] に繋いだものを繋ぎます❷。

その [乗数] の値で、角膜の盛り上がりや眼球のへこみを制御します❸。

この [乗数] のみ別々に制御できる同じものを二つ用意し、それぞれ別の [マテリアル設定] ノードを繋いだ後にこの二つを [ジオメトリ統合] します。片方を眼球自身、もう片方をその眼球を覆う透明な膜として使用します❹。

そして、後からの制御を容易にするため、[属性キャプチャ]（ポイント）を [UV 球] ノード直後に挟み、空き入力に [位置] ノードを繋いで、その出力を [グループ出力] の空きスロットに繋いでおきます❺。

モディファイアパネルで、[出力属性] に今接続した [位置] の欄が現れるので、ここで適当な名前（「位置」としました）を入力しておきます❻。

[値] ノード以外の全てのノードをグループノードとしてまとめ、両方の [乗数] 入力と [マテリアル] 入力を [グループ入力] の空きスロットに繋ぎます❼。

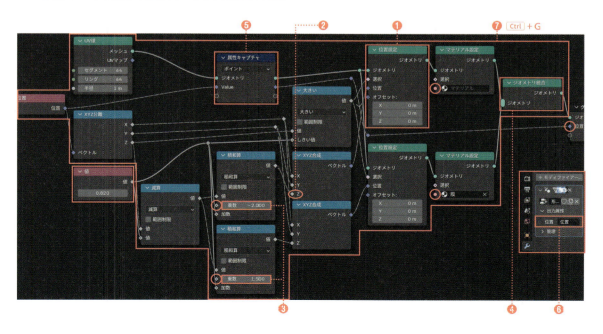

マテリアル

1 膨らませた側のマテリアルは、［グラスBSDF］を利用した透明なものにしておきます。EEVEEに対応するためマテリアルオプションの［影を透過］と［レイトレース伝播］にチェックを入れ、［幅］を［厚みのある板］にして［マテリアル出力］の［幅］入力に［値］0を繋いでおきます❶。

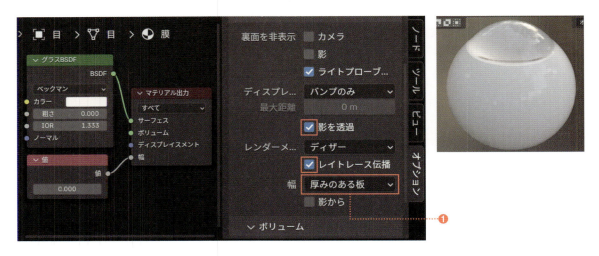

2 眼球本体、眼球の膜のマテリアルをシェーダーノードで細かく作ります。

膜の方はただ単純に［グラスBSDF］のみではなく、アニメでよくある光が映り込む表現のハイライトを作成します。［属性］ノードを追加し、その［名前:］欄に先ほど入力した出力属性の名前（「位置」）を入力してUV球の位置情報を取得します❶。

その［ベクトル］出力から［加算］（ベクトル演算）ノードを経て［グラデーションテクスチャ］（球状）ノードへつなぎ、その出力を［累乗］、［積和算］へと繋げることで、位置やサイズ、グラデーション具合を制御した球状の模様を作ることが出来ます❷。

それと同じものをもう一つ作り、［加算］で合成した後に［シェーダー加算］によって［グラスBSDF］と合成します。うまくハイライトが表現できるように計算ノードの数値を調整します❸。

3 もう一つのマテリアルは眼球の黒目の部分を作成し、眼球を形にしていきます。

　同じく「位置」のベクトルを取得し、[XYZ分離]で得たZ軸を元に[カラーランプ]でカラーバーを調整して白目、黒い縁、黒目内側の色（ここでは見やすさのためグレーにしていますが、実際は真っ白にします）、中心の黒丸を作ります❶。

　膜の方と同じようにハイライトを作りますが、こちらは中心から外側へ向かう細長い丸を表現したいので、P141で使った円座標化のノードを利用します。「位置」ベクトルから円座標化ノードを通したものを[積和算]（ベクトル演算）で調節した後に[グラデーションテクスチャ]（球状）ノードへ繋いでそれぞれ（今回は三つ作りました）を[加算]で合成します❷。

　最後に、先程の[カラーランプ]と[加算]（カラーミックス）で合成します❸。

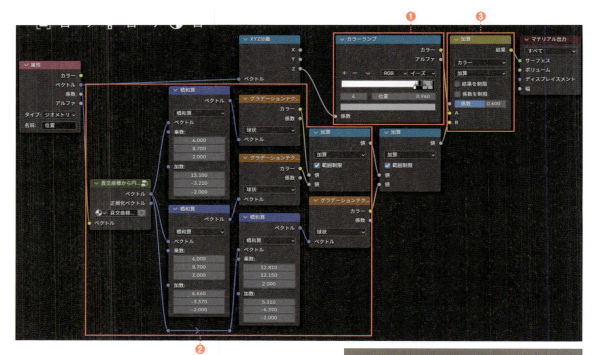

■キャラ

ボーン追随への対応

1 ジオメトリノードでグループ化した眼球のジオメトリ出力を[ジオメトリトランスフォーム]で目の位置に移動させ、目の孔に合うように回転させ、スケールも調整します❶。

更に目用ボーンの回転にも追随するように、手前にもう一つ[ジオメトリトランスフォーム]を挟み、[オブジェクト情報]ノードの[回転]ソケットからその[ジオメトリトランスフォーム]の回転に接続します❷。

3Dビューポートで該当ボーンの子となるエンプティオブジェクトを作っておき、そのオブジェクト名を[オブジェクト情報]ノードの[オブジェクト]欄に選択入力します❸。

状況によってはY軸とZ軸で回転が逆になっている場合があるので、[XYZ分離]と[XYZ合成]を駆使して軸を入れ替えておきます❹。

最後に、[スムーズシェード設定]ノードでスムーズにしておきます❺。

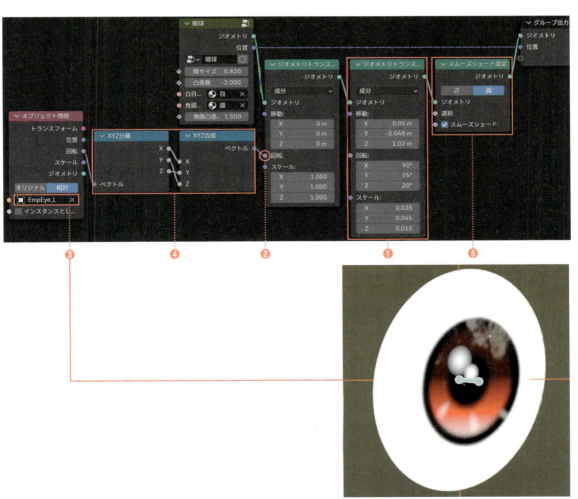

2 目のマテリアルの方にはさらに追加で赤目部分を作ります（図では、見やすさのため先程ハイライトを作ったノードは「目下 hi」という名前でグループノード化しています）❶。

　［位置］Z の［大きい］で制限した範囲を［係数］とした［カラーミックス］ノードに［テクスチャ座標］の［生成］Z を［係数］とした［カラーランプ］で上から暗い赤、赤、白となるようにグラデーションを作り色［B］の方に繋ぎ、［A］は真っ白としておきます❷。

　これと先程作っていた黒目の［カラーランプ］と［乗算］（ベクトル演算）することで、赤い部分のみオブジェクトの角度を考慮したグラデーションで瞳を作ることが出来ます❸。

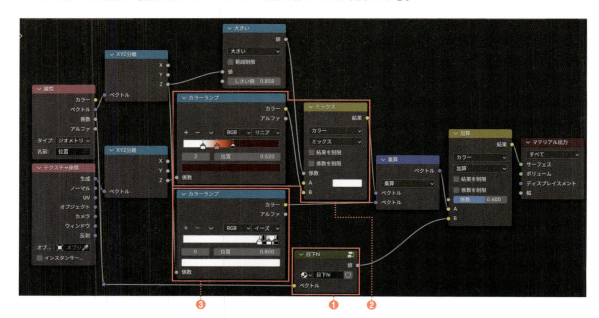

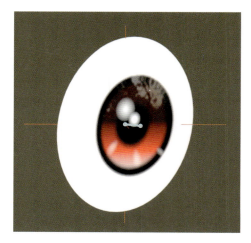

● キャラ

3 これを両目に対応しなければいけないので、[オブジェクト情報]から[ジオメトリトランスフォーム]までの構造全てを Shift + Ctrl + D で複製し、[オブジェクト情報]の[オブジェクト]はもう片方の目用ボーンの子としたエンプティオブジェクトに入れ替え、最後の[ジオメトリトランスフォーム]では回転が反転するように値の符号を反転させておきます❶。

最後に、それらを[ジオメトリ統合]して完成です❷。

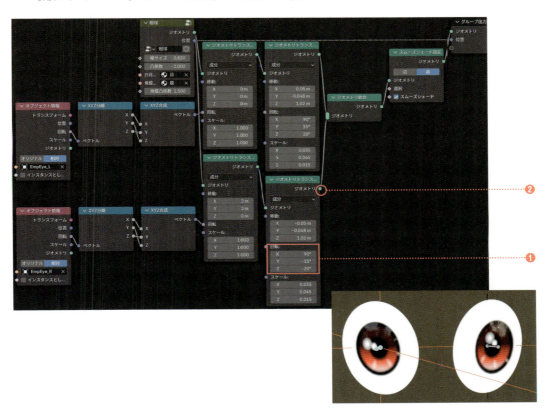

髪

3D表現による「毛束」は、様々な角度から見られる可能性があり、また様々な動きを付けることによる色々なパターンの枝分かれ方があることが理想です。そのため、絵で表現される毛束に対して実際にはそのおよそ三倍～四倍程度の毛束を3D上では作っておく必要があるというのが筆者の持論です。ただやはりその全ての毛束を制御するのは作業量的に大変になり過ぎてしまうので、ジオメトリノードにより楽をする方法はないかと考え、このような仕組みを作ってみました。

1 P253 で使った、カーブのタンジェント移動を利用します。まずはジオメトリを[カーブ半径設定]に通し、半径のランダム化を行います❶。

あらかじめ、3Dビューポート上でカーブの先端側の制御点は尖らせるために Alt + S → 0 → Enter で半径を0にしておきます。その数値は[半径]ノードで取得することが出来るので、これに対して[乗算]ノードを繋ぎ、もう片方の[値]には[インデックス]ノードを[ID]とした[ランダム値](Float) ノードを繋げ、その[最小]は 0.1 等の0より大きい値、[最大]は 0.9 等の1付近の値にしておき、[シード]は[グループ入力]の空きソケットに接続しておきます❷。

出力ジオメトリを[位置設定]ノードに繋ぎ、そのオフセットにはランダムかつカーブの先端に行くほど大きくカーブのコースからずれる仕組みを作ります❸。

[ノーマル]出力と、[ノーマル]と[カーブタンジェント]の[外積]を出したものそれぞれにベクトル演算の乗算に相当するもので[ランダム値](Float)と[スプラインパラメーター]の[長さ]を掛けたものを掛けます❹。

[長さ]の方は先端に行くほどの変化量を急激にしたいので、[累乗]2 を通しておきます。[ランダム値]の[最大]は[グループ入力]に接続しておき、[最小]はそのソケットに[乗算]-1 を繋げます❺。

[ID]には[インデックス]を繋ぎ、[シード]も[グループ入力]に繋いでおきますが、両者とも同じにならないように片方だけ[加算]1しておく等の処置をしておきます。最後に節約のため[積和算]で両者を合成します❻。

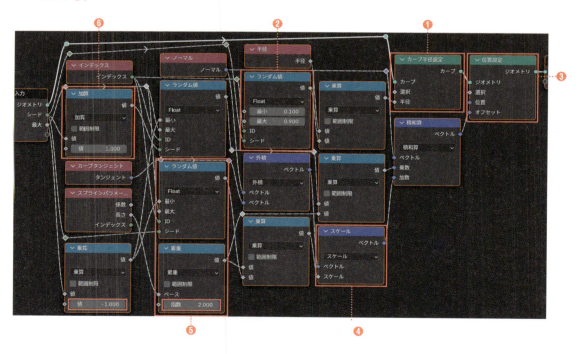

■キャラ

2 それを一つのグループとしてまとめ、三つほどに複製したものと無加工のジオメトリを［ジオメトリ統合］します❶。

それぞれの［シード］はバラバラなものにし、［最大］値で毛先の広がり具合を調節します❷。

この出力を［カーブのメッシュ化］と［カーブ円］プリミティブにより通常の厚み付けを行いますが、長辺と円周（カーブ円）出力直後に［属性キャプチャ］を挟み［スプラインパラメーター］の［長さ］をそれぞれ取得し［XYZ合成］のX、Yに繋いでその出力を［グループ出力］のソケットに繋いでおくことによってUVの代わりとします❸。

ついでに、Zに［メッシュアイランド］の［アイランドインデックス］を繋いでおくと、毛ごとにばらばらの効果をもたらすことも後から可能なので表現の幅が広がります。最後に、［マテリアル設定］を繋ぎ完成です❹。

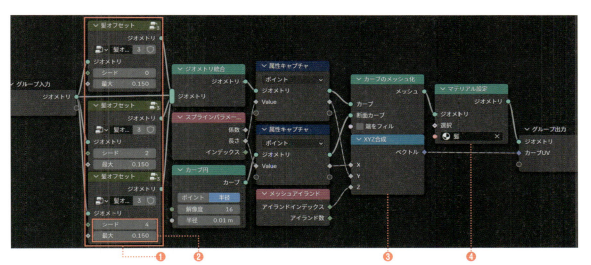

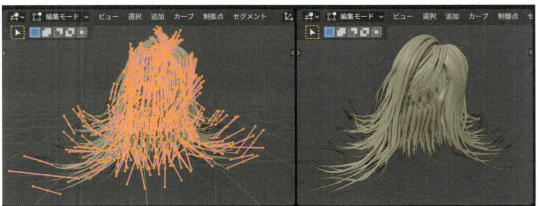

エッジ

🔳 エッジ描画はコンポジターではなくジオメトリノードを利用して出しています。[ミラー][アーマチュア][サブディビジョンサーフェス]等のモディファイアよりも下にジオメトリノードを追加し、[グループ入力]からの[ジオメトリ]出力を[位置設定]と[面反転]に通して[マテリアル設定]したものを元のジオメトリと[ジオメトリ統合]します❶。

🔳 このマテリアルにはシェーダーノードを利用して片面のみ完全に透明になるよう設定したものを入力します。

シェーダーノードで[ジオメトリ]ノードの[後ろ向きの面]を[係数]とした[カラーミックス]ノードで片面を真っ白、片面をグレーとして[透過BSDF]の[カラー]とすることで、片面が完全透明、もう片面が半透明となるマテリアルを作ります❶。

更に、[属性]ノードを追加してその[タイプ:]を[ジオメトリ]にして、[名前:]に適当に決めた名前（ここでは「不透明度」としました）を入力します❷。

その[カラー]出力を[係数]とした[シェーダーミックス]に先程の[透過BSDF]を繋ぎ、下側の[シェーダー]には真っ白な[カラー]の[透過BSDF]を繋ぎます❸。

これは、後に頂点グループによって透明度を調整するために使います。

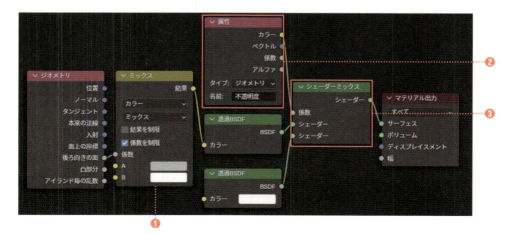

3️⃣ ジオメトリノードの方に戻って、[位置設定]の[オフセット]はもちろん[ノーマル]ノードによって制御しますが、こちらも後から頂点グループによって調整できる仕組みを作っておきます。[名前付き属性]ノードを追加し、適当な[名前]（「NotSolid」としました）を入力しておきます❶。

　これはデフォルトではエッジを有効にし、ウェイトが乗った場合にエッジを無効とする動作とするため、[積和算]によって[乗数]-1、[加数]1として値を反転させます。あとは0.001を[乗算]（これがデフォルトの厚みになります）して、[スケール]（ベクトル演算）ノードを利用して[ノーマル]と掛け合わせ[位置設定]の[オフセット]に繋ぎます❷。

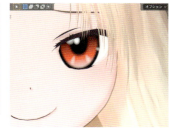

頂点ウェイトによるエッジ調整

　ジオメトリノードの[名前付き属性]として作成したものと同名の頂点グループを作れば、そのウェイトによって一部のみエッジを薄くしたり、あるいは完全に無くすといった調整が可能になります。ただしこのエッジ出しジオメトリノードを表示させたままだとウェイトが正しく表示されなくなってしまうので、ウェイトペイントをする際にはモディファイアー画面でエッジを出しているジオメトリノードモディファイアーを一時的に非表示にしておく必要があります。

　また、同じくシェーダーノードの方で[属性]ノードで設定したものと同名の頂点グループを作成すれば、そのウェイトによって一部のみエッジの透明度を調節することも可能です。

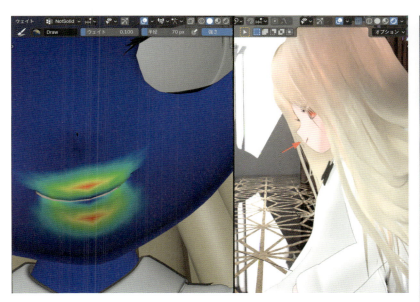

2 背景

　実は背景は一切モデリングをしておらず、全てジオメトリノードのみで構成しています。しかもたった一つのオブジェクトとして［ジオメトリ統合］でまとめてしまっています。ノードの構造を見るには、Tabキーで各グループノードを掘り下げていってみてください。

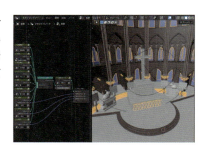

> **Memo**
> 　Cyclesに最適化するようシェーダーノードを作っていると、マテリアルプレビュー表示（＝ EEVEE）では見た目が全く異なってしまう場合があります。最終出力はCyclesしか使用せず、見た目の確認も常にレンダー表示で行う場合にはそれでも構わないのですが、将来的にEEVEE使用も想定される場合やプレビュー表示も見栄え良くしたい場合等には、両対応のノードを作る必要があります。
> 　シェーダーノードで［マテリアル出力］ノードを複製し、［ターゲット］タブを［すべて］から［Cycles］と［EEVEE］に変更したものを用意します。そしてそれぞれの［サーフェス］入力にそれぞれ専用のノードを組んで接続すれば、ビューポートシェーディングの切り替えやレンダーエンジンの切り替えで自動的にそれぞれ専用のものに切り替わってくれます。

麻の葉文様

床の麻の葉模様は、P192で触れた平面六角充填と平面三角充填の組み合わせによって作ることが出来ます。

スケールを1/√3とし角度をZ30°回転させ、片方をX0.12m、もう片方をX0.24m移動させた二つの六角と、一つの三角を[乗算]合成します。

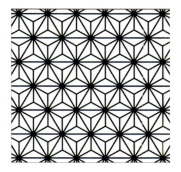

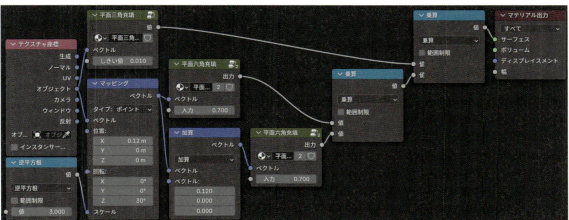

マグカップ

背景のマグカップの形状も全てジオメトリノードのみで作成しています。[円柱]プリミティブの[上]のみを[選択]した[メッシュ押し出し]（面）であえて[オフセット乗数]0で押し出します。

その後[要素スケール]で[上]を[選択]して[スケール]0.7に縮め、更に[メッシュ押し出し]で同じく[上]を[選択]して[オフセット]-0.7程度とすることでコップの形にへこませる事ができます。これはノーマル>角度でスムーズノードで鋭角辺以外をスムーズ化しておきます。

取っ手の方は カーブ＞プリミティブ＞弧 ノードを利用します。こちらのパラメーターや[ジオメトリトランスフォーム]を利用して良き位置に取っ手となるように形を調整して、いつものように[カーブのメッシュ化]によって厚みを付けて両者を[ジオメトリ統合]します。

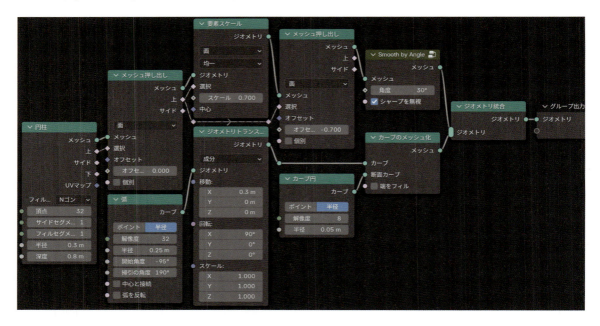

> **Memo**
> うさぎの形もジオメトリノードで形成しています。複雑すぎるため割愛しますが、こういった有機的な形状もノードの可読性を考慮しなければいくらでも複雑に作り込んでいくことができます。複雑になればなるほどわざわざジオメトリノードで作る意味は薄らいでいきますが、ノードの可能性や自分の熟練度を試す意味でも挑戦してみてはいかがでしょうか。

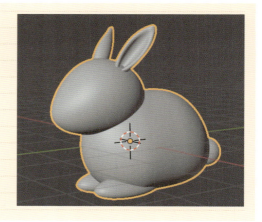

■背景

柵

円形に配列された柵のようなものを作るには、[メッシュ円]を[位置]の[Y]で範囲限定し[ジオメトリ削除]したものに[ポイントにインスタンス作成]で作成します。[弧]を利用しても良いのですが、そちらだと[ノーマル]を利用した向きの制御がしづらくなってしまうので次の方法を採用しています。

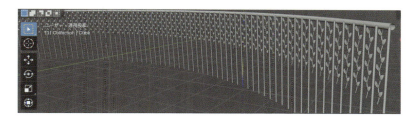

柵の作成方法

1. 柵の装飾としてクネクネに曲がった蔦のようなジオメトリ（ノードグループにまとめてありますが内容は割愛します）と単純な[円柱]を[ジオメトリのインスタンス化]でまとめ、それを先程の半円の[ポイントにインスタンス作成]の[インスタンス]に接続します❶。

   [ノーマル]ノードを[回転をベクトルに整列]（Y）を通して[ポイントにインスタンス作成]の[回転]へつなげることで装飾を半円の法線方向へ向かせることができます❷。

   後は半円自身を[メッシュのカーブ化]により厚み付けすることで手すりのように加工し、これらを[ジオメトリ結合]します❸。

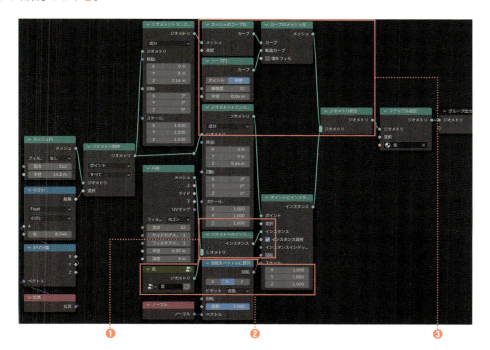

ステンドグラスから差し込む光

ステンドグラスのような柄はボロノイテクスチャを利用して作っています。

❶ なるべくステンドグラスのように見えるように[テクスチャ座標]の[オブジェクト]座標をそのまま[ベクトル]に繋げるのではなく、別の[ボロノイテクスチャ]ノード（マンハッタン距離）を用意してその出力を[オブジェクト]座標と[加算]（ベクトル演算）して歪ませたものを使っています❶。

更にこの歪ませたボロノイを複製し、同じパラメーターでありつつ[特徴出力]タブのみ[端との距離]に切り替えたものをステンドグラスの黒いフチの表現として使います❷。

カラーの方の出力は[HSV（色相／彩度／明度）]ノードを使って色を調整した後に[プリンシプルBSDF]の[ベースカラー]に繋ぎ、各パネルごとに微妙に歪みが散らばるように同じ[カラー]出力を[積和算]で調整したものを同じ[プリンシプルBSDF]の[IOR]に繋ぎます❸。

[端との距離]に切り替えた方の出力を[カラーランプ]ノードで調整し、それを[シェーダーミックス]の[係数]として片方を先程の[プリンシプルBSDF]の出力、もう片方を真っ黒に設定した[ディフューズBSDF]として合成します❹。

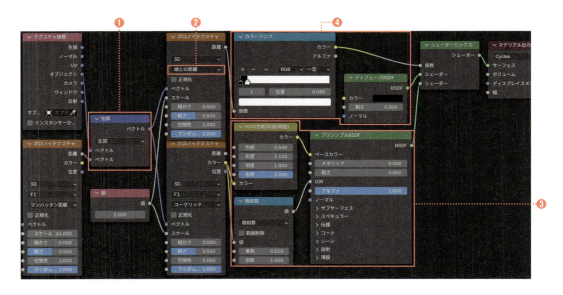

2⃣ 色付きの落ち影を表現するには、P100 で登場した「コースティクス」を利用します。

　背景オブジェクトはほぼ全て一つのオブジェクトにまとめていますが、このコースティクスを使う事情で窓のみ別オブジェクトに分けざるを得ません。窓オブジェクトとその他オブジェクトでそれぞれコースティクスの投影と受信を設定するのは P100 と同じ手順ですが、はっきりとした影を得るためにこちらでは [サン] ライトを光源とします❶。

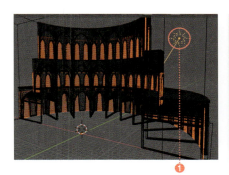

3⃣ 窓に差し込むように角度をつけた [サン] ライトのプロパティで、[ライト] パネル内の [シャドウコースティクス] にチェックを入れます❶。

Memo
　投影オブジェクトが完全な平面だった場合、スムーズシェードにしておかなければうまくコースティクスが生成されません。また、光源の角度によっても真っ黒な影になってしまう場合があります。

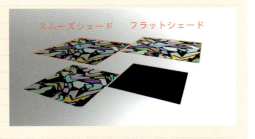

5 差し込む光を再現するには、ボリュームオブジェクトを利用します。背景全体を覆うような立方体メッシュオブジェクトを追加し、このシェーダーノードで シェーダー＞プリンシプルボリューム ノードを［マテリアル出力］の［ボリューム］に接続します。［カラー］を真っ白にし、［密度］を低く調整します❶。

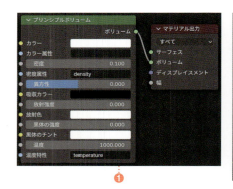
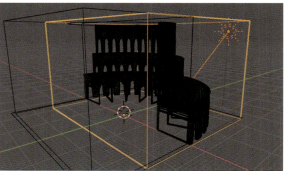

❶

索引

記号・数字

√	129
0-a 山グラフ	256
256 段階	53
2D ベクトル	258
32bit 浮動小数点数	53
3D ビューポート	16
3D ビューポートヘッダー	17
8bit	53

アルファベット

AND	52
arccos	141
Brilliant Diamond	105
Classroom	40
CMYK	162
Compositing	22
Compositing	34
Ctrl + G	27
Ctrl + T	73
Ctrl + Tab	27
Cube	200
Cycles	63
Diamonds	105
E	48
EEVEE	82
extra mesh	105
Extra Mesh Objects	105
F 値	39
F1	118
F12	33
Float	215
Geometry Nodes	22
HDRI プレビュー	79
HSV	67
HSV (色相 / 彩度 / 明度)	42
I	45
ico 球	32

IOR	83
IOR レベル	195
Layout	20
M	43
Modeling	20
NodeGroup	27
NodeTree	246
N ゴン	242
N 半球半径	118
OpenPBR	87
Or	218
OR 合成	55
Poly Haven	46
Render Result	40
RGBA	59
RGB 分離	59
Sculpting	20
Shading	22
Shift + Ctrl + T	74
SSS	87
Tab	27
UV	95
UV マップ	151
VFX	71
ViewLayer	62
W	123
W ソケット	123
X	32
X ループ	179
XY ループ	181
XYZ 分離ノード	115
Z	39
Z ループ	184
θ	141
θ ループ	185
ϕ	143

ア

アークコサイン	141
アウトライナー	16
青	59
赤	59
明るさ	53
アクティブスプライン	44
アクティブスプライン	46
アクティブトラック	72
アスペクト比	65
アセット	283
値	57
値の文字列化	208
厚みのある板	86
アニメーションブラー	277
油絵	155
網点	158
粗さ	83
アルファ	83
アルファ付き画像	50
アレクサンダーの角付き球面	273
イエロー	164
イコール	130
石混じりの土	116
位相オフセット	192
位置	162
位置設定ノード	202
一定	57
一定ノード	57
移動	18
イプシロン	138
異方性	85
陰影	91
インスタンス	210
インスタンスオブジェクト	32
インスタンス化	210
インスタンス実体化	212
インスタンス選択	210

インスタンス入力	210
インスタンス実体化ノード	212
インターフェース	200
インターフェースパネル	189
インデックス	207
インデックススイッチ	245
インデックス表示	271
インペイントノード	65
ウィンドウ	96
ウェイトでソートソケット	245
エクステンションを入手	105
エッジ	178
エッジ抽出	178
エフェクトの追加	34
円	43
円座標	141
円錐	236
円柱座標	142
エンプティ	157
エンプティ位置	170
エンプティオブジェクト	157
エンボス	152
黄金比	232
黄金螺旋	231
覆い焼きカラー	55
オーバーレイ	47
押し出し	151
オパール	122
オブジェクト	17
オブジェクト	95
オブジェクト情報	274
オブジェクト操作	18
オブジェクトの削除	19
オブジェクトの追加	19
オブジェクトの複製	19
オブジェクトモード	17
オプションタブ	83
オフセット	202

オフセット乗算	240	カラー	40
オンラインアクセスを許可	105	カラー印刷	161
		カラー合成	46
カ		カラー調整	40
カーブオブジェクト	95	カラー反転	121
カーブオブジェクト	206	カラーピッカーの種類	82
カーブのポイント化	242	カラー分離	59
カーブのメッシュ化	206	カラー分離	160
カーブ端半径	230	カラー分離ノード	60
カーブフィル	207	カラーホイール	81
カーブライン ノード (ポイント)	219	カラーボックス	81
カーブリサンプル	220	カラーマネジメント	81
改行	208	カラーミックスノード	47
開始フレーム	61	カラーモニター	160
海水	99	カラーランプノード	68
外積	254	環境テクスチャ	96
解像度	134	関数グラフアート	140
階段	233	関数の作成	130
回転	18	カントールの立法体	269
外部画像テクスチャ	93	キーイング	48
ガウス曲率	183	キーカラー	48
拡散反射	113	キーフレーム	45
拡縮	19	輝度	166
拡張 / 侵食ノード	65	逆円座標	227
角度ソケット	127	逆円柱座標	227
影	100	逆球座標	228
影の透過	83	逆平方根	136
影を受信する土台オブジェクト	101	キャスト	223
影を投影させる透明オブジェクト	101	キャッシュパネル	33
加算	52	球	86
加算合成	54	球座標	142
可視性パネル	63	球状グラデーション	126
画像エディター	40	強度	79
画像ソケット	42	極座標系	141
画像テクスチャ	91	距離ソケット	118
画像をレンダリング	33	距離でマージノード	218
カメラ	17	金属光沢	82
画面レイアウト	20	区切りソケット	208

屈折 BSDF	87
グラス BSDF	87
グラデーションテクスチャ	90
グラデーションの余剰計算	112
グラフエディター	72
グリーンバック	48
グリッド ノード	235
クリッピング	219
クリップパネル	71
グループタブ	165
グループ入力	123
グレアノード	35
グレースケール	50
グロウ	30
グローバル位置	170
クロマキーノード	48
係数ソケット	42
係数を制限	145
減算	131
減衰	31
弧	207
光源	101
光沢 BSDF	87
ニースティクス機能	100
ニースティクスパネル	100
ニート	86
ニサイン	153
ニッホ曲線	273
細かさ	112
ニリジョン	31
ニントラストノード	166
ニンバーター	112
コンポジター	20
コンポジターエディター	34
コンポジターエリア	34

サ

サーフェスパネル	83

最接近表面サンプル	223
サイド	240
サイドセグメント	246
サイン	153
座標変換	141
サブサーフェス	81
サブディビジョンサーフェス	205
三角関数	129
三軸回転	18
サンビームノード	67
サンプリングパネル	83
シアン	164
シーン	86
シーンフレームを設定	71
シェーダー	80
シェーダーエディター	20
シェーダーエディターエリア	78
シェーダー加算	88
シェーダーカテゴリ	87
シェーダーノード	74
シェーダーミックス	89
ジェネレーター	233
ジオメトリ	202
ジオメトリ削除	219
ジオメトリノード XY ループ	229
ジオメトリノードエディター	20
ジオメトリノードエディター	200
しきい値	35
色域選択	164
軸方向	95
指数	133
四則演算	129
ジッターシャドウ	83
視点回転	18
視点ズーム	18
視点スライド	18
視点操作	17
自動テクスチャ空間	94

シミュレーションゾーン	273	スムーズシェード設定	204
シャドウキャッチャー	63	寸法	123
シャドウコースティクス	101	正距円筒法図法	96
シャドウコースティクス受信	101	整数	189
シャドウコースティクス投影	100	生成	93
シャボン玉	193	正多角形	187
シャボン玉の構造	195	正方形	43
週方向	95	積和演算	136
主曲率	183	積和算	136
出力フレーム範囲	71	セグメント	246
樹木	256	絶対値	135
シュリンクラップ	223	選択	17
乗算	47	双曲線	137
乗算合成	53	相互配置	235
常時	68	増分	156
剰余（切り捨て）	112	属性	200
除算	137	属性キャプチャ	214
処理	203	属性統計ノード	227
シンチレーション	108	速度ソケット	69
深度	39	速度パネル	31
スイッチノード	243	ソケットタイプ	285
数式アート	140	ソリッド化	211
数式ノード	67		
スカラップ形状	186	**タ**	
スクリーン	52	大気テクスチャノード	98
スクリーン合成	54	タイムライン	16
スクリュー	220	ダイヤの作成	136
図形	131	ダイヤモンド	105
スケール	84	ダイヤモンドの屈折率	105
スケールノード	154	ダイヤモンドの構造	108
スター	207	ダウンロード	14
スナップ	156	楕円マスク	50
スナップ出力	157	高木曲線	273
スピル除去	49	高さソケット	114
スペードの作成	137	畳	115
スペキュラー	85	断面カーブ	217
スポイト機能	48	小さい	130
スポイトノード	166	チェッカーテクスチャ	90

中心分離	244
中心分離ノード	246
調整カテゴリ	41
ディストーション	56
ディスプレイス	224
ディフューズ	81
ディフューズ BSDF	87
データタイプ	215
データパネル	94
データリンク	286
テキスト	208
テクスチャ	42
テクスチャ空間	93
テクスチャ座標	97
テクスチャタブ	42
テクスチャの明るさ	42
テクスチャの適用	80
デシメート	218
デフォルト	189
デュアルメッシュ	210
伝播	86
伝播ウェイト	101
透過	63
ドープシートタイプ	75
トーラス型	182
トーンカーブ	171
特殊文字	208
特徴点の検出	75
特徴ピクセル	72
ドット	53
凸包ノード	216
ドメイン	215
トラッキング	70
トラックタブ	71
トラックマーカー	71
トランスフォーム	56
トランスフォームノード	56

ナ

長さ	134
名前付き属性格納	215
名前欄	215
波テクスチャ	90
入力	42
ノイズ	70
ノイズテクスチャ	90
ノード	23
ノードエディター	22
ノードグループ	27
ノードの削除	25
ノードの操作	24
ノードの挿入	25
ノードの追加	25
ノードを使用	34
ノーマルソケット	68

ハ

パーティクル	30
パーティクルタブ	31
ハートの作成	133
ハートの方程式	133
ハーフトーン	158
背景ボタン	36
配列	216
バウンディングボックス	93
薄膜	87
薄膜干渉	193
薄膜の厚さ	195
薄明光線	67
端丸カーブ	247
端丸柱	247
端丸棒	246
パスパネル	39
バッファー使用	39
幅	86
範囲制限	55

半円波	186	プリファレンス	105
半径	84	プリミティブ	203
半径ノード	248	プリミティブカテゴリ	207
反射	96	ブリリアントカット	105
反転	116	プリンシプル BSDF	87
半透明 BSDF	88	プリンシプル BSDF ノード	80
反復	272	プリンシプルボリューム	89
バンプノード	114	ブルーバック	48
比較ノード	164	フレーム	28
光ディスク	125	フレーム欄	61
非均一	228	フレネルノード	106
ビューアー	35	フレネル反射	106
ビュータブ	36	プレビュー	41
ビューポート表示	38	プロシージャルテクスチャ	95
ビューレイヤータブ	39	プロシージャルテクスチャ	179
表示	38	プロパティ	16
標準	81	分光	56
開くボタン	71	ペアノ曲線	273
ビルド	217	ヘアライン加工	85
ヒルベルド曲線	273	平坦トーラス	183
ピント	38	ベースカラー	55
ピンボケ	38	ベースカラーソケット	80
ピンポン	186	ベクトル	69
ファイヤー	108	ベクトル演算ノード	135
フィルター	65	ベクトル回転	127
フィルターカテゴリ	65	ベクトル出力	70
ブーリアン処理	207	ベクトルデータ	70
ブール演算ノード	218	ベクトルブラー	69
フェザーウェイト	44	ベクトルミックス	228
符号関数	141	ベジエ曲線	44
符号ノード	145	ベベル	216
縁取り	240	編集モード	17
縁丸カーブフィル	249	辺の角度	205
物理演算タブ	31	辺分離	216
不透明度	50	ポイントにインスタンス作成ノード	210
不飽和明度	170	放射	86
ブラー	70	放射形	187
ブラインド	251	膨張	65

317

泡沫	99
ホールドアウトノード	88
ボーン追随	297
ぼかし	39
ぼかしノード	65
ボックスマスク	50
炎	146
ボリューム	89
ボリュームにポイント配置	273
ボリュームの吸収	89
ボリュームの散乱	89
ホログラム	124
ボロノイテクスチャ	90

マ

マーカーパネル	75
摩擦	31
マジックテクスチャ	90
マスク	43
マスクノード	50
マゼンタ	164
マット出力	49
マッピング	68
マッピングノード	112
マテリアル	294
マテリアルタブ	32
マテリアルタブ	33
マテリアルプレビュー	79
マンハッタン距離	163
水	151
水の屈折率	100
水の特性	102
三つ編み	254
ミックスカラー	55
ミックス合成	47
緑	59
ミュート	43
ミラー	219

無限平面	145
無効	43
メタリック	81
メッシュ	17
メッシュアイランドノード	245
メッシュ押し出し	207
メッシュ化ノード	206
メッシュ細分化	203
メッシュのボリューム化	212
メッシュのボリューム化ノード	212
メッシュラインノード	216
面コーナー	258
面数	217
面にポイント配置	212
モーション	224
モーションブラー	69
モードを切り替え	17
木目	110
モザイク	67
モザイク処理	156
文字列	208
文字列長	208
文字列長ノード	208

ヤ

焼き込みカラー	47
矢印	241
有効	43
ユーティリティ	67
歪み	56
溶接	211
溶接痕	237
要素スケール	216
読込カテゴリ	205

ラ

ライト	17
ラジアンへ	155

螺旋	230	レイの可視性	100
螺旋カーブ	253	レンガテクスチャ	80
ラプラス	68	レンズ歪み	56
ラベル	47	レンダーパネル	32
ランダム化	31	レンダーメソッド	83
ランダムさ	115	レンダーレイヤー	62
リニア	190	レンダリング方法	32
リピート	269	ローカル	243
リピートゾーン	273	六角平面充填	191
リミット	38		
リメッシュ	219	**ワ**	
リルート	25	ワークスペース	20
リング	246	ワールド	98
リンクの操作	23	ワールドの不透明度	79
累乗	116	ワイヤーフレーム	222
累乗ノード	133	割れ表現	190
ループ	179	色域選択ノード	165
レイトレーシング	82	属性キャプチャノード	215
レイトレース伝播	86	名前付き属性格納ノード	215

■ 本書のサポートページ
https://isbn2.sbcr.jp/18391/

本書をお読みいただいたご感想を上記URLからお寄せください。
本書に関するサポート情報やお問い合わせ受付フォームも掲載しておりますので、あわせてご利用ください。

■ 著者紹介
友（とも）
Blender何でも屋さん。
アニメ制作お手伝いしたもの：『チェンソーマン』『4人はそれぞれウソをつく』『烏は主を選ばない』等々
グッズ等お手伝いしたもの：『まどか☆マギカ』『鬼滅の刃』『呪術廻戦』等々
mail：tomo.asks@gmail.com
Mastocon：@tomo@mstdn.jp
X：@tomo_

Blender 4 制作テクニック大全
創造力・表現力・技巧力を高めるノード操作の技法

2024年12月7日　初版第1刷発行

著　者 ………………… 友
発行者 ………………… 出井 貴完
発行所 ………………… SBクリエイティブ株式会社
　　　　　　　　　　　〒105-0001 東京都港区虎ノ門2-2-1
　　　　　　　　　　　https://www.sbcr.jp/
印　刷 ………………… 株式会社シナノ

カバーデザイン ……… マツヤマ チヒロ（AKICHI）
本文デザイン ………… 伊藤 翔太（クニメディア）
制　作 ………………… クニメディア株式会社
編　集 ………………… 荻原 尚人

落丁本、乱丁本は小社営業部にてお取り替えいたします。
定価はカバーに記載されております。

Printed in Japan　ISBN978-4-8156-1839-1